花卉栽培养护新技术推广丛书

仙人掌类

Xianrenzhanglei 养花专家解惑答疑

王凤祥 主编

中国林业出版社

《仙人掌类·养花专家解惑答疑》分册

| 编写人员 |　王凤祥　刘书华　王淑霞　王秀娇

| 图片摄影 |　王凤祥　蓝　民　马　箭　刘书华

| 参加工作 |　王晓杰　王　琳　刘　娟

图书在版编目（CIP）数据

仙人掌类养花专家解惑答疑/王凤祥主编. —北京：中国林业出版社，2012.7

(花卉栽培养护新技术推广丛书)

ISBN 978-7-5038-6637-1

Ⅰ.①仙…　Ⅱ.①王…　Ⅲ.①仙人掌科－观赏园艺－问题解答　Ⅳ.①S682.33-44

中国版本图书馆CIP数据核字（2012）第116757号

策划编辑：李　惟　陈英君

责任编辑：陈英君

出　　版：中国林业出版社（100009　北京西城区德内大街刘海胡同7号）

网　　址：www.cfph.com.cn

E-mail：cfphz@public.bta.net.cn

电　　话：（010）83224477

发　　行：新华书店北京发行所

制　　版：北京美光制版有限公司

印　　刷：北京百善印刷厂

版　　次：2012年7月第1版

印　　次：2012年7月第1次

开　　本：889mm × 1194mm　　1/32

印　　张：2.25

插　　页：4

字　　数：69千字

印　　数：1～5000册

定　　价：16.00元

前 言

花是美好的象征，绿是人类健康的源泉，养花种树深受广大人民群众的欢迎。当前国家安定昌盛，国富民强，百业俱兴，花卉事业蒸蒸日上，人民经济收入、生活水平不断提高。城市绿化、美化人均面积日益增加。大型综合花卉展、专类花卉展全年不断。不但旅游景区、公园绿地、街道、住宅小区布置鲜花绿树，家庭小院、阳台、居室、屋顶也种满了花草。鲜花已经成为日常生活不可缺少的一部分。在农村不但出现了大型花卉生产基地，出口创汇，还出现了公司加农户的新型产业结构，自产自销、自负盈亏花卉生产专业户更是星罗棋布，打破了以往单一生产经济作物的局面，不但纳入大量剩余劳动力，还拓宽了致富的道路，给城市日益完善的大型花卉市场、花卉批发市场源源不断提供货源。另外，随着各地旅游景点的不断开发，新的公园、绿地迅猛增加，园林绿化美化现场技工熟练程度有所不足，也是当前的一大难题。

为了排解在仙人掌类花卉生产、栽培、养护、繁殖中常遇到的问题，由王凤祥、刘书华、王淑霞、王秀娇等编写《仙人掌类》分册，以问答方式给大家一些帮助。由王晓杰、王琳、刘娟等协助整理，王凤祥、蓝民、刘书华、马箭等提供照片，在此一并感谢。本书概括令箭荷花、昙花、蟹爪莲等的形态、习性、繁殖、栽培、养护、病虫害防治、应用等内容，语言通俗易懂，不受文化程度限制，适合广大花卉生产者、花卉栽培专业学生、业余花卉栽培爱好者阅读，为专业技术人员提供参考。

作者技术水平有限，难免有不足或错误之处，望广大读者指正。

作者

2012 年 4 月

问 题

一 形态篇

二 习性篇

三 繁殖篇

四 栽培篇

五 病虫害防治篇

六 应用篇

一、形 态 篇

1. 怎样认识令箭荷花？

答：令箭荷花（*Nopalxochia ackermannii*）简称令箭，又称大花令箭。为仙人掌科令箭荷花属常绿著名温室花卉。原产墨西哥。

根半肉质，扦插苗无主根，播种苗幼时有主根，2～3年后主根变得不明显，集生于基部髓心部位，黄褐色、黄色至白色，有多数分枝。根冠白色，密生冠毛。

茎直立灌木状，高约1米。具长节，长约15～45厘米，扁平，有分枝，分枝披针形，基部圆柱形或三角柱形，边缘具粗锯齿，锯齿凹入部分称为窠，窠内有细刺。锯齿因品种不同有大有小，红花、紫花、粉花品种锯齿较小；黄色花、白色花品种锯齿圆钝较大。新生分枝萌芽时，先发生密生毛刺，扁圆柱或三棱柱状，随之出现紫红色或绿色带有紫红色扁平状枝。带有紫红色的扁平枝，颜色维持到枝成熟时方才退去。扁平的变态茎虽然挺直，但易倒伏，故应立杆支扶。播种苗出土后多为3～4棱，长高后变为扁平。生长健壮的新枝及基部发生的新枝多为圆形，后变为三棱形，再变为扁圆形。

无正常叶，叶片已经退化成小毛刺，刺细而软。

花蕾着生于茎的窠内，初发生时比茎芽肥大，密生毛刺，后变成纺锤状，先端尖。花大，昼间开放，夜间闭合，翌晨再次开放，维持1～3

天。花期4～6月，花色有鲜红、紫红、紫、粉、黄、白等色，花长15～20厘米，喉部黄绿色，花被裂片宽展，直径10～15厘米，向外反卷。花丝、花柱弯曲。

浆果外有毛刺，长圆球形，成熟时红色，内具种子多数。

2. 小令箭荷花什么样？

答：小令箭荷花（*Nopalxochia phyllanthoides*）为令箭荷花的小型种，其形态与令箭荷花相似。株高约40厘米，上部分枝或不分枝，基部多分枝，新枝不带或很少带有红色。边缘锯齿钝，中肋及侧肋明显，刺毛较少。白天开花，长7～10厘米，筒部具开展鳞片，瓣片稍长直伸，花粉色或洋红色，花柱白色，花直径约10厘米，花期4～6月。原产墨西哥。

3. 怎样认识昙花？

答：昙花（*Epiphyllum oxypetalum*）为仙人掌科昙花属多浆多肉花卉。原产南美热带。因开花在夜间，花苞由含靥至怒放只有3～4个小时，而且又在夜间22:00后至翌晨2:00前，最美观的时间为夜间23:00至翌晨0:30左右，此时除花瓣全部展开外，花柱与花丝也较为刚劲。错过时间您可就欣赏不到它最漂亮的时候了。故有昙花一现之说。

根半肉质，集中于基部髓心部位。播种苗（实生苗）初有主根，2～3年后主根变得不明显。扦插苗无主根，侧根多数有分枝，黄色至白色，根冠白色，根毛密生。

茎的老枝圆柱形，表皮常有纵裂，丛生成灌木状。茎干直立，半木质，株高可达2米。分枝由圆柱渐为扁平，或上部分枝为扁平，叶状，绿色，基部老化部分干黄色或黄灰色，扁干枝中肋明显，边缘有波状浅钝齿，枝的先端有钝尖或锐尖。叶退化成不明显的刺。

花蕾抽生于锯齿凹内的窠内，比枝芽肥大，呈小球形，稍带白色，随之长成纺锤状，先端尖。花大型，连筒长约30厘米，直径约13厘米，开放时花筒下垂后，向侧面翘起，花筒外面具有长线裂，渐上逐步成宽倒披针形花瓣状，里面纯白色，先端渐尖，有疏毛。雄蕊成束多数，花柱白色，长于雄蕊，柱头长线裂，16～18裂，花期8月。

果实为浆果，长圆球状，成熟时紫红色，内有种子多数。种子圆球形，褐黄色。

4. 怎样识别蟹爪莲？

答：蟹爪莲（*Schlumbergera truncata*）又称蟹爪兰，简称蟹爪，为附生仙人掌类。原产巴西，我国北方常作温室栽培，为著名春季盆花之一。

根半肉质，浅黄色或白色，集生于枝基部，无主根，侧根多数有分枝，相对脆嫩，根冠白色，根毛密集。通常选用量天尺、仙人掌等为砧木嫁接，长势健壮，蓬径大而花多。

茎匍匐、悬垂，灌木状，无叶无刺或偶有细刺，分枝众多。老茎木质化，扁圆柱或圆柱状，多呈干黄色；幼枝扁平，茎节短而明显，通常长3～6厘米，宽1.5～2.5厘米，长圆形至倒卵形，鲜绿色，先端截形，两端各有2～4枚三角状粗锯齿，两面均有肥厚的中肋。无叶或具有变态退化的短毛刺。

花1～4枚单生于枝先端，通常1～2枚较多，玫瑰红色，长6～9厘米，两侧对称。花萼1轮，基部短筒状，花冠2～4层，下部长筒状，上部分离，愈向内愈长，先端尖，外卷。雄蕊多数，2轮，伸出向上弯曲。花柱长于雄蕊，深红色，柱头6～9裂。花期2～5月，有白色、黄色、粉红色、红色、紫红色等品种。

果实为浆果，梨形，成熟时红色，直径约1厘米。种子多数，容器栽培很少或不结实。

5. 怎样认识亮红仙人指？

答：亮红仙人指（*Rhipsalidopsis gaertneri*）又称顶毛爪、假昙花，简称仙人指，为仙人掌科仙人指属（肖蟹爪属）小盆栽花卉。在巴西原产地生长在热带丛林中，附生在树皮上或岩石上，别有情趣。

无主根，多数侧根集生于枝的基部，浅黄色至白色，较脆嫩，有分枝。栽培时通常以量天尺、仙人掌等为砧木嫁接其上，生长健壮而枝多花多。也有扦插苗小盆或微型盆栽，有奇而艳的观赏效果。茎变态为叶状，枝基部木质化，扁圆柱状，有节，多分枝，节长3～5厘米，宽2.5～3.5厘米，中肋不明显，新生枝绿色，常带有暗红色边缘，茎节先端圆钝。退化无叶。花蕾着生于枝先端，初发生时为小球状，带有红色。花瓣2～3枚单生，呈辐射对称，亮红色，1～2轮。北方容器栽培未见结实。

6. 怎样识别量天尺的形态？

答：量天尺（*Hylocereus undatus*）又称三棱箭、攀援仙人鞭、三角箭等。其果实为著名热带水果火龙果。为仙人掌科量天尺属具气生根攀援植物。近年来容器栽培作观果花卉，通常用作嫁接其它仙人掌类的砧木。产于墨西哥及南美洲中部和北部。

无主根，侧生根多数，浅黄色或白色，具气生根，阴湿环境多发生，发生在棱与棱之间凹处，多数纵向成排，可牢牢地吸附在树木、岩石和墙体等上。气生根接触土壤后能变为正常根。茎高可达6米以上，盆栽时直立，茎具3棱，有收缩的节。节的长短差距很大，与温度、水分、空气湿度有关。湿度适当时，遇高温时节间长，遇低温时节间短；水分足、空气湿度高时节间也长，低时则短；营养旺盛时长，贫瘠时短；生长健壮时长，长势弱则短。有分枝，边缘波状，成熟后角质，小窠间隔3～4厘米，具1～3条圆锥状小刺，刺长2～4毫米。花长约30厘米，外花被裂片黄绿色，向外反卷，内花被片纯白色，直立。雄蕊多数，淡黄色。果实长椭圆形，直径10厘米左右，甚至更大，具鳞片，无刺，成熟时红色，种子小，黑色。

7. 在温室里见过各种各样的仙人掌，但不知道都叫什么名字，请介绍一下？

答：仙人掌（*Opuntia dillenii*）为仙人掌科仙人掌属常绿多刺多肉多浆花卉。灌木状，基部木质化，外表变干黄色，扁柱状。株高2～3米，直立，多分枝，枝扁平，倒卵形至长圆形，长7～40厘米，蓝绿色，有时具白粉。具刺1～10枚，常多数，粗钻形至针形，黄色。花黄色，长7～8厘米，花托狭倒卵形，具大而粗的刺座，多刺。浆果梨形，长5～7.5厘米，成熟时紫红色，可食。原产中美洲。仙人掌属花卉较多，片状的仙人掌属植物常见尚有：

(1) 锦毛仙人掌（*Opuntia orbiculata*）又称蓑衣掌、白妙。灌木状，基部木质化，干黄色，扁柱状，茎节圆形或倒卵形，长约15厘米。幼株的小窠产生白色长软毛，毛宿存，刺针形。花黄色，直径可达10厘米。原产墨西哥。

(2) 银毛扇（*Opuntia erinacea*）又称犹他仙人掌。植株丛生，开展，茎节长椭圆形至倒卵形，长8～12厘米，具白色刺4～9枚，有时带有褐色，长5～12厘米。花黄色，长6～7厘米。

(3) 食用仙人掌（*Opuntia ficus-indica*）又称梨果仙人掌、仙桃。乔木或灌木状，茎节长圆形至匙形，长20～60厘米，或更长、厚，蓝粉色，无刺或具1～5枚白色至淡黄色短刺，倒刺毛早落。花黄色或橙黄色，直径7～10厘米。浆果成熟时有紫红色、白色、黄色等颜色。种子黑色卵球形。

(4) 仙人镜（*Opuntia phaeacantha*）又称镜面掌、月镜掌、月月掌、仙人扇、土人团扇等。植株体直立或伸展，节间圆形或倒卵形，长10～15厘米，蓝绿色，厚，刺0～9枚。花黄色，直径5厘米。果长3～3.5厘米，成熟时红色，果上无刺。原产美国、墨西哥等地。

(5) 圆武扇（*Opuntia humitusa*）又称匍匐仙人掌。植株体平卧或伸展。茎节圆形、长圆形至倒卵形，暗绿色，长5～15厘米，无刺或具1～2枚。花淡黄色，直径5～8.5厘米。浆果倒卵形，成熟时绿色带紫红色，长达5厘米，可食。原产美国。

(6) 美人扇（*Opuntia vulgaris*）又称绿仙人掌、薄片仙人掌、仙人树、月月掌等。乔木或灌木状，高约2米。茎节倒卵形至长圆形，基部渐狭，长10～30厘米，较厚，嫩茎节薄，常有波皱，鲜绿色，无刺或具1～2枚刺，长6～30毫米，刺座具均匀短毛、黄褐刺毛及圆筒状肉质叶。花黄色，外轮花被具红晕，直径可达7.5厘米。肉质浆果梨形，成熟时红色，长5～7.5厘米，无刺。原产巴西、阿根廷等地。

(7) 棉花掌（*Opuntia leucotricha*）又称白毛掌。乔木状，茎节扁平，长圆形至圆形，长10～20厘米，刺座具细柔毛及白色刺，刺长达8厘米，刚毛状，下垂。花黄色，直径6～8厘米，花药黄色，花柱红色，柱头绿色。浆果倒卵球形，成熟时白、黄带有红色，长4～6厘米，芳香可食。原产墨西哥。

(8) 霸王刺仙人掌：又称霸王扇。乔木或灌木状。茎节扁平，长圆形至圆形，长20～30厘米，具黄色大刺。花黄色。浆果成熟时红色。

(9) 龟圆仙人掌：又称圆仙人掌、仙人扇等。植株体平卧或伸展，上下均产生新枝，成灌木状。茎节卵圆形至圆形，长20～30厘米，暗绿色，小窠处具有1～5枚大刺及多数小刺，刺黄色至褐黄色，基部褐红色。花黄色，直径6～8厘米。浆果成熟时红色，种子黑色。

(10) 翡翠掌：又称斑纹仙人掌、翠花掌、翡翠镶玉、玉骨仙人掌等。灌木状，直立，高可达1米。茎节长圆形，长可达20厘米，鲜绿色，具有白色斑块，无大刺，小刺多数，新生茎节圆柱状，绿色带有红色肉质叶，随生长而脱离。

(11) 小蒲扇（*Opuntia lanceolata*）又称蒲扇掌、小片仙人掌、微型仙人掌等。似美人扇的小型种，乔木或灌木状，株高1米左右。茎节基部圆柱形或扁圆柱形，分枝为圆柱形或扁圆柱形，茎节长圆形或卵圆形，长3～8厘米，宽2.5～3.5厘米，可作小型或微型盆栽。花黄色。

(12) 黄刺芝麻掌（*Opuntia microdasys*）又称黄毛掌、兔耳掌、金乌帽子等。灌木状，茎簇生，高30～60厘米，常匍匐。茎节长圆至圆形，扁平，长10～15厘米，黄绿色，表面具细柔毛，刺座具黄色倒钩毛，长约3.5毫米。花黄色或淡红色。产墨西哥。另外，白刺芝麻掌及褐刺芝麻掌分别为刺座具白色倒钩毛及褐色倒钩毛。

8. 怎样识别叶仙人掌的形态？

答：叶仙人掌（*Pereskia aculeata*）又称白虎刺、虎刺、木麒麟等，为仙人掌科叶仙人掌属（又称木麒麟属）盆栽常绿藤本花卉。茎圆柱状疏生钩刺，单叶互生，椭圆至圆形，先端渐尖，基部圆形或楔形，长3～6厘米，宽2.5～3厘米，中肋明显，绿色，背面紫红色稍有光泽。为嫁接蟹爪莲、仙人球类的砧木。

9. 怎样识别姬珊瑚树？

答：姬珊瑚树（*Opuntia leptocaulis*）又称小珊瑚枝，为仙人掌科仙人掌属多刺多肉小灌木状或小乔木状常绿草本花卉。多分枝，茎节圆柱状，长2.5～30厘米，直径约5毫米，刺具纸质鞘，刺1～3枚，长2.5～5厘米。花白色至黄色，长1.5～2厘米。浆果，球形至倒卵形，长1～1.8厘米，成熟时深红色。原产美国和墨西哥。

10. 怎样认识鬼子角？

答：鬼子角（*Opuntia imbricata*）为仙人掌科仙人掌属多刺多肉小乔木状常绿草本花卉，又称珊瑚掌、锁链掌。茎节圆柱状，节轮生，长2.5～4厘米，粗2～3厘米，瘤突高而侧偏，刺6～20枚，具鞘，长1.2～3.8厘米。花紫色或粉红色，直径约6厘米。果实具瘤突，长约2.5厘米，成熟时黄色。原产美国和墨西哥。

11. 怎样认识锁链掌？

答：锁链掌（*Opuntia cylindrica*）又称大蛇掌。为仙人掌科仙人掌属多刺多肉灌木或乔木状常绿草本花卉。具主干和少数分枝，茎节圆柱形，直径3～5厘米，瘤突呈菱形，形如锁链而得名。刺白色2～3枚，有时无刺。叶棒状，绿色早落。花红色，直径约2.5厘米，花瓣近直立。果实黄绿色，长约5厘米，具瘤突。

二、习性篇

1. 令箭荷花在哪种环境中生长较好？

答：令箭荷花喜充足明亮光照，在渐变光照下也能耐直晒，光照不足不能形成花芽，不能正常开花，突然放到直晒光照下易产生日灼。喜温暖不耐寒，室温或自然气温15～25℃生长最好，高温易产生徒长，大量发生侧枝，消耗养分影响开花，花蕾易脱落；低于12℃生长缓慢，低于6℃停止生长，长时间低温也会受到伤害。耐干旱不耐水湿，畏雨淋，生长期间保持盆土湿润，雨季、阴天、低温应保持干燥，盆土过湿易产生烂根。要求土表通透及通风良好环境，通风不良、光照过弱均易罹染病害，长势渐弱。喜疏松肥沃、排水良好的壤土，在贫瘠土、高密度土中不能正常生长。

2. 小令箭荷花要求的栽培环境与令箭荷花相同吗？

答：小令箭荷花相对长势较弱，花蕾形成多，故需良好光照，春季可接受直晒光照，或在简易温室中不遮阳。光照不足、追肥不足、室温或自然气温过低或过高，会导致落蕾。在光照充足、通风良好、室温18～25℃环境中，花芽容易形成并现蕾，花期最好保持12～15℃，能连续开花3～5

天，有的品种多达7天。耐干旱，不耐水湿，畏雨淋。夏季应遮阳。喜疏松肥沃、排水良好的沙壤土。

3. 栽培好昙花要求哪种环境？

答：昙花喜充足明亮、不直晒光照，可中午遮光，早晚有直晒光照，光照不足，不能形成花芽，不能正常开花。直晒光照过强易日灼，在渐变光照条件下，也能忍受直晒光照。喜温暖，不耐寒，在20～30℃环境中生长良好，15℃以下生长缓慢，12℃以下停止生长，在盆土干燥条件下，能耐5℃低温，但长时间低温，植株也会受到伤害。生长健壮，高温下容易产生徒长枝，影响株形圆整。喜通风良好，通风不良，易罹病虫害。生长期间喜湿润，能耐干旱，畏水湿，不耐涝。喜疏松肥沃、排水良好沙壤土，在贫瘠土、高密度土壤中不能良好生长。

4. 养好蟹爪莲需要什么环境？

答：蟹爪莲在原产地为附生植物，属短日性花卉。喜阳光充足、明亮，不耐直晒，也不耐阴，光照不足，光照时间过长，不能育蕾开花，长势也弱。花芽分化应在正常光照12小时以下，遮光处理控制光照每天不长于10小时，即能育蕾提前开花。喜温暖，不耐寒，在室温15～25℃环境中长势良好。在通风良好、遮阴条件下，夏季能正常生长。越冬室温应在12℃以上，温度过低，盆土过湿，通风不良，光照不足，均会产生落蕾。室温过高，花期变短。耐干旱，夏季生长期间，保持湿润。不耐水湿，不耐雨淋。喜疏松肥沃、排水良好沙壤土。

5. 栽培亮红仙人指需要哪种环境？

答：亮红仙人指在原产地也是附生在树皮或岩石上的植物。喜充足明亮的光照，不耐直晒。属短日性花卉，光照不足，光照时间每天长于12小时，花芽不能分化，光照过弱，茎节变长、变薄。直晒下易产生日灼。喜温暖，不耐寒，在室温15～25℃环境下生长良好，室温过高，应加强通风，通风不良，易罹病虫害。冬季室温应保持不低于12℃。耐干旱，不耐水湿，夏季生长期间，保持盆土湿润。阴雨天气应偏干，不耐雨淋。喜疏松肥沃、排水良好的沙壤土。

6. 栽培好量天尺需要哪种环境?

答：量天尺适应性强。喜半阴，不耐直晒，但过于荫蔽，生长势减弱。喜温暖，不耐寒，生长适温20～30℃，在土壤偏干情况下，能耐10℃低温，高温环境长势健壮，速度也快。夏季要求土壤湿润，在高温、高湿下产生不定根，气生根能牢固地吸附在树皮、墙壁、岩石上。冬季土壤宜偏干，低温下土壤过湿，光照不足，通风不良，易产生腐烂，严重时皮下肉组织全部腐烂，只剩髓心，通常不会死亡，仍能较弱继续生长。在粗沙土、建筑沙或沙壤土中生长良好，在高密度土壤中长势不良。

7. 栽培好仙人掌需要哪种环境?

答：仙人掌属阳性花卉，喜光照充足的直晒光，光照不足，不能良好开花，茎节变薄，刺变小、变细，先端弯曲，直晒下长势健壮。喜温暖，耐高温，稍耐低温，夏季在露天暴晒、风、雨条件下，生长良好。越冬在盆土偏干或干燥条件下，室温最好不低于5℃，在光照充足干旱条件下，能耐短时间0℃低温，盆土过湿，光照不足，不耐低温。花芽分化形成花蕾，生长温度应在15～25℃。耐干旱。夏季生长季节，宜湿润，冬季偏干。曾在炎热夏季，将茎段（掌片）由茎节处用芽接刀切下，放置在花盆下地面上，3天后用玻璃瓶灌满水，将茎段基部浸于水中，1周后生出白色的新根，自然气温降至夜间10℃，白天仍在20℃以上时，移入室内，冬季移至供暖火道上还发生分枝，由此可见，只要温度允许，土壤含水量多，不会引发烂根或致伤。在普通园土中能生长，但在疏松肥沃、排水良好的沙壤土中长势更好。与此形态相近的尚有褐刺仙人掌、黑刺仙人掌，南方已经露地栽培归化或逸为野生。

8. 栽培好蓑衣掌要求什么环境？

答：蓑衣掌通常在温室内或夏季在室外花架上栽培，炎热夏季最好不直晒，但要求充足明亮的光照条件，光照不足，会造成茎节变长、变瘦、变薄，先端弯曲、刺疏，因嫩脆而降低抗性，毛刺也稀疏，观赏价值降低。直晒光照下，易产生日灼，在渐变光照下，也能适应直晒光照。喜温暖，不耐寒，夏季在温室内，通风良好环境下，能良好生长。如果高温、水大、肥多，也会产生徒长，造成畸形，毛刺分布不均匀，长短不齐等。冬季室温不应低于12℃，低温、土壤含水量多，均会造成烂根。喜疏松肥沃、排水良好的沙壤土。

9. 在什么条件下才能养好银毛扇这种仙人掌？

答：银毛扇通常在温室内栽培，露地栽培毛刺易染尘垢，失去观赏价值。喜充足光照，光照不足，茎节变形，刺组稀疏，抗性降低。耐干旱，畏水湿，畏雨淋，畏积水，夏季生长期间保持湿润，冬季偏干。夏季在温室内遮光、通风良好条件下，生长良好。冬季室温不应低于12℃，盆土要偏干，低温、水湿易造成烂根。喜疏松、肥沃、排水良好的沙质土。

10. 栽培食用仙人掌需要什么条件？

答：食用仙人掌目前已普遍栽培。适应性强，喜充足光照，能耐直晒，耐阴性稍差，在自然光照下或温室中，均能良好生长。耐干旱，夏季生长季节，按时浇水追肥。喜温暖，耐高温，不耐寒，炎热夏季生长迅速，冬季室温最好不低于10℃，在光照良好、土壤偏干环境中，能耐5℃低温，长时间5℃以下低温，也会受伤害。夏季生长季节保持土壤湿润，冬季偏干。在普通园土中生长良好，但在疏松肥沃、排水良好的沙质土中，生长更健壮。

11. 栽培好仙人镜需要什么环境？

答：仙人镜是一种端庄大方、多刺多肉的盆栽花卉。喜充足明亮光照，能耐直晒，不耐阴，光照不足，茎节变长变薄，并容易畸形。耐干旱，不耐水湿、积水、雨淋。喜温暖，耐高温，不耐寒，夏季在通风良好的温室内生长良好，冬季室温最好不低于12℃，室温过低，盆土过湿，易引发烂根。喜疏松肥沃、排水良好的沙质土。

12. 圆武扇、美人扇、霸王扇、小蒲扇、龟圆仙人掌习性相同吗？

答：圆武扇、美人扇、霸王扇、小蒲扇、龟圆仙人掌虽形态各异，但习性基本相同。属强阳性花卉，喜光照，耐直晒，不耐阴，光照不足容易畸形，花芽不易形成，不能正常开花，茎节变薄，刚刺变细或减少，甚至变得无刺。耐干旱，不耐水湿，畏积水，特别是低温环境更是如此。夏季生长季节，应按时追肥浇水。喜温暖，不耐寒，耐高温，夏季露地生长良好，冬季室温最好不低于8℃，能耐短时5℃低温，长时间低温，盆土过湿，光照不足，通风不良，也会受到伤害。在普通园土中能生长，但在疏松肥沃、排水良好的沙质土中，生长更健壮。

13. 栽培棉花掌需要哪种环境？

答：棉花掌通常在温室内花架上栽培，露天栽培，毛刺易染尘污，一旦染尘，很难再清洗洁净，且不能恢复原美丽的面容。属弱阳性，喜充足光照，不耐直晒，直晒下易产生日灼。在高温下，光照过弱，易畸形，茎节变长变薄，先端出现渐尖，毛刺变稀疏，使观赏价值降低。喜温暖，不耐寒，能耐高温，夏季在通风良好的温室中生长良好。耐干旱，不耐水湿，畏积水，畏雨淋，但生长期间应按时施肥浇水。冬季保持偏干。喜疏松、肥沃沙质土。

14. 栽培翡翠掌要求哪种环境？

答：翡翠掌又称翡翠扇、斑纹仙人掌、翡翠金香玉、玉骨仙人掌等。出现的全白茎节不能长久维持，生长不久即会被淘汰，说明白色部位不能光合作用，自身不能维持生存能力。喜充足光照，不耐强光直晒，光照不足，茎节易畸形变薄，红色叶变暗，针刺变细而减少，夏季只要中午遮光，上下午均有直晒光照，即能良好生长。喜温暖，不耐寒，夏季在温室内或室外半阴环境下均能良好生长，冬季室温最好不低于12℃。耐干旱，不耐水湿，畏积水，畏雨淋，但生长期间应按时施肥浇水，冬季保持偏干。在普通园土中能生长，但在疏松肥沃、排水良好的沙质土中长势更好。

15. 养好芝麻掌类需要什么环境？

答：芝麻掌类常见有黄刺芝麻掌、褐刺芝麻掌及白刺芝麻掌等3种，因刺组密集，短而易落，一旦染落尘污，无法去除，通常在温室内花架上栽培。喜光照充足、明亮的半阴场地，不耐直晒，也不耐过于荫蔽。耐干旱，不耐水湿，怕积水，畏雨淋。喜温暖，不耐寒，耐高温，夏季在通风良好的温室内能正常生长，冬季室温最好不低于12℃，在盆土偏干情况下，能耐短时5℃低温。喜疏松肥沃、排水良好的沙壤土，在高密度土中生长不良。

16. 栽培好叶仙人掌需要哪种环境？

答：叶仙人掌是一种特殊的仙人掌类，它生有真正的叶片，为嫁接其它仙人掌类亲和力较强的种类，常说的嫁接仙人球树的砧木即为此种。适应性强，喜光照充足明亮，也能稍耐直晒，稍耐阴蔽。耐干旱，夏季生长期间，应按时施肥浇水，生长旺盛期保持湿润，冬季应保持偏干，冬季室温应保持在12℃以上，低于12℃会产生落叶，在盆土偏干情况下，能耐5℃低温，但叶片会全部脱落，进入休眠，翌年需室温20℃左右才能发出新芽。对土壤要求不严，在普通园土中能生长，但在疏松肥沃、排水良好、富含腐殖质的沙质土中长势良好。

17. 栽培姬珊瑚树要求什么环境?

答：姬珊瑚树喜直晒光照，在充足明亮光照下能良好生长，光照不足，茎节细弱，体色暗淡。耐干旱，盆土长时间过湿易烂根。喜温暖，耐高温，不耐寒冷，北方夏季室外直晒光照下栽培，冬季移入温室，在盆土偏干情况下，室温不低于10℃，即可安全越冬。耐修剪。喜疏松肥沃沙壤土，稍耐贫瘠，在普通园土中能生长。

18. 栽培好鬼子角要求哪种环境?

答：鬼子角喜光照，不耐阴，耐直晒。喜温暖，夏季室外栽培，秋季移回温室，保持盆土偏干。喜疏松肥沃、排水良好的沙壤土，但在普通园土中能生长，但生长发育较慢。

19. 栽培锁链掌要求什么环境?

答：锁链掌属强阳性花卉，喜直晒光照，在充足明亮散射光处，也能生长，但长势较差，生长也慢。喜温暖，耐高温，不耐寒，夏季在室外自然光照、自然气温下长势健壮，生长速度快。越冬室温不应低于10℃。喜通风良好。冬季盆土过湿，光照过弱，室温过低，易引发烂根。夏季过于干旱，通风不良，会引发病虫害。喜疏松肥沃、排水良好的沙壤土，在普通园土中能生长。

三、繁殖篇

1. 仙人掌类如何播种繁殖？

答：仙人掌类通常选用扦插或嫁接繁殖，播种多用于生产需要数量大或培育新品种，也能满足花卉爱好者的好奇心。

(1) 播种容器的选择：

可选用瓦盆、苗浅或浅木箱。应用前应刷洗洁净，应用旧容器时，应将盆口、盆壁上黏结的污渍用锉刀刷或钢丝刷刷净后，再冲洗洁净后应用。繁殖量大时，可选用浅木箱，市场无现货供应，可行自制，或请木器加工厂、木桶商等制作，尺度通用长30～40厘米，宽15～20厘米，高10～15厘米（参考尺度）。

(2) 播种土壤或基质：

可单独选用细沙土、沙壤土、蛭石等其中1种作基质。

混合土壤：细沙土、素腐叶土各50%；普通园土、细沙土、腐叶土各1/3；细沙土、蛭石各50%；细沙土、素腐叶土、蛭石各1/3。搅拌均匀后，经充分暴晒后储藏，或土温恢复常温后使用。

(3) 播种：

通常种子采收后，去杂即播。先将容器底口用塑料网或碎瓷片垫好，然后填装播种土，随填随压实，至留水口处。放在水池、水缸或其它水容器中浸透水。将种子放入培养皿、瓷盘、塑料盘等中，并使其散开，用一根小竹签的尖头沾一点水，水的多少以不滴为准，将种子粘在竹签的尖上，再点播于土表并稍下压，使上部种皮与盆土呈水平状态，或撒播于土表。株行距0.5～1厘米。

(4) 浇水：

种子细小不能直浇，应选用浸水或喷雾方法补充土壤水分。

(5) 摆放：

播后浸透水将其摆放在半阴处，并覆盖玻璃保湿。在室温22～25℃条件下，7～10天种子发芽出土。当大部分种子出土后，掀开玻璃一边开始放风，并逐步撤除。

(6) 后期养护：

勤转盆。杂草在萌芽期薅除。冬季保持盆土偏干，夜间室温不低于12℃，白天25℃左右，光照应充足明亮。翌春分栽一次，分栽土壤应用栽培土（因种或品种不同，在栽培篇内介绍）或在播种土基础上加5%～6%腐熟厩肥，或应用腐熟禽类粪肥、腐熟饼肥、颗粒或粉末粪肥时为4%左右。分栽可选用小盆，每盆1～3株，或大瓦盆、苗浅、浅木箱等。株行距依据品种不同、幼苗大小不同，按3～5厘米栽植，掘苗时用小竹板或改锥（螺丝刀）等将苗掘出，在备好的盆、苗浅或浅木箱土表扎一小穴，将苗根部置于穴中，四周填土压实，仍放置于原处，过2～3日后浇透水。恢复生长后，在生长期间每15～20天追肥1次。生长一段时间即可定植。播种苗可产生变异、性状不稳定、生长时间长、成型慢为其不足。短时间能大量繁殖，是其优点。

2. 仙人掌类怎样分株繁殖？

答：仙人掌类很少采用分株繁殖，但令箭荷花、昙花应用较广。于春季在温室内将丛生植株脱盆去宿土，用利刀将能分离的茎节带根切下，另行用栽培土栽植。栽植时先将备好的花盆垫好底孔，装填栽培土，有条件时，装一层约3～4厘米厚的栽培土，沿盆壁放3～4片蹄角片或撒一圈腐熟肥，然后填栽培土至盆高的1/2～2/3的位置，刮平压实后，中心位置垫一层素沙土（无肥沙土），将苗放置于沙土上，再用素沙土将根系埋好，四周再填培养土，使分株苗根系不直接接触有肥的培养土，以免根系受肥害。填土至留水口处，置温室通风良好的半阴处花架上，5～7天后浇水。分株苗成活后长势快，成型快，是其优点，但繁殖量小是其不足。

3. 令箭荷花怎样常规扦插繁殖？

答：令箭荷花扦插繁殖方法如下。

(1) 选择扦插容器：

扦插容器应选择通透性好的瓦盆、苗浅或浅木箱，批量繁殖也可选用营养钵。容器应清洁干净。

(2) 扦插用土壤选择：

单独用于扦插的用土或基质有粗沙土、细沙土、沙壤土、蛭石等。

混合土壤有：沙土类、素腐叶土或腐殖土各50%；沙土类、蛭石各50%；也可用沙土类、素腐叶土或腐殖土、蛭石各1/3。

无论选用哪种土壤，均需充分翻拌，充分暴晒，灭虫灭菌后才能应用。或装入容器待用。

(3) 修剪插穗：

将修剪下来的茎节按长10～15厘米左右一段，用芽接刀切成若干段，插穗数量不足或特殊情况可将段缩短至3～4厘米，修剪下的嫩枝虽然长短

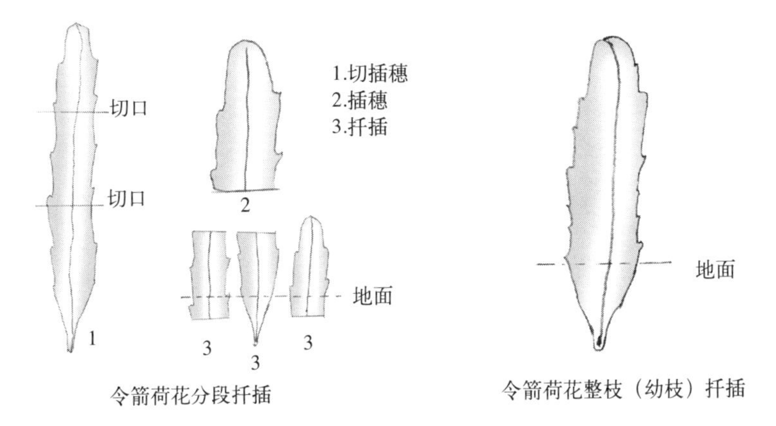

令箭荷花分段扦插　　令箭荷花整枝（幼枝）扦插

令箭荷花扦插

不齐，也能用做插穗进行扦插。插穗剪好后，伤口涂抹新烧制的草木灰、木炭粉或硫磺粉，置干燥场地2～3天后扦插。

(4) 扦插：

将备好的花盆垫好底孔后，即装填扦插土至留水口处，刮平压实，用竹片扎孔，再将插穗基部放入孔中四周压实，切勿直接硬插入土壤，以免折断插穗或因摩擦增加创伤面。插好后置半阴处的花架上，2～3天后浇透水，保持盆土湿润即能良好生根。新芽发生后即可分栽。

4. 扦插繁殖昙花怎样操作？徒长枝圆柱状部分能做插穗吗？

答：扦插昙花通常选用扁平的叶状茎，也可选用修剪下来的部分枝条，圆柱状徒长枝扦插后成活发芽、生长与扁平枝无区别。

(1) 扦插容器选择：

扦插容器选择通透性好的瓦盆、苗浅或浅木箱，容器应保持清洁无污渍。

(2) 扦插土壤与基质的选择：

参照令箭荷花。

(3) 修剪插穗：

将修剪下来的扁平茎按15～20厘米长切段，徒长枝的圆柱状茎同样剪取，短于15厘米的茎在插穗数量不足时也可应用。过于老化的枝条成活率低，发芽率也低。

(4) 扦插：

参照令箭荷花。

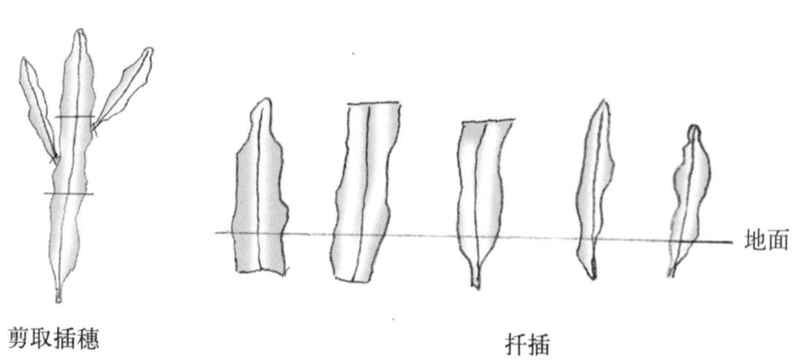

昙花扦插

5. 蟹爪莲、亮红仙人指扦插方法相同吗？

答：蟹爪莲、亮红仙人指扦插方法基本相同，没有大的区别。扦插苗可用小盆栽培，但一般情况大多选用嫁接。扦插插穗选用先端枝1～3节，如有分枝可不剪除，最好由茎节基部最狭窄处用利刀切取，不要剪取，切取时，是一方用力，组织切削面平整，剪取则是上下两面用力，且力不易均衡，容易造成组织切削面挤或柔伤，不易愈合，有害菌类也易乘机侵入组织危害。切下后伤口处涂抹新烧制的草木灰、木炭粉或硫磺粉，放置在通风良好的阴凉处，待伤口见干后扦插。其它与令箭荷花相同。

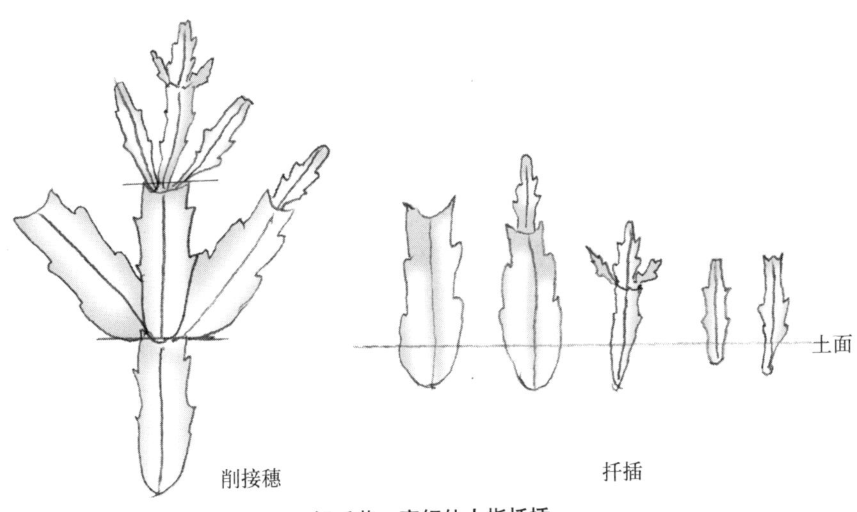

蟹爪莲、亮红仙人指扦插

6. 怎样扦插量天尺成活率最高？

答：量天尺为嫁接蟹爪莲、亮红仙人指、令箭荷花以及仙人球的良好砧木，与大多数仙人掌科花卉嫁接时，亲和力强，成活率高。一些髓心已经木质化的部位也能良好成活，且适应性强，繁殖栽培养护容易。也是盆栽观果植物。

(1) 扦插容器选择：

通常选用花盆、苗浅或浅木箱为容器，数量不多时可选用口径10厘米高筒盆，也可用10×10（厘米）营养钵，容器应洁净。如果能应用小盆，成活后可省去分栽工序。用追肥补充土壤中营养元素是较好的办法，但占温室场地较大是其不足。

(2) 扦插土壤的选择：

单独使用的土壤或基质可选用粗沙（建筑沙）、细沙土或沙壤土等。

组合土壤：沙土类、素腐叶土各50%；沙土类、素腐叶土、蛭石各1/3，翻拌均匀，经充分暴晒，恢复常温后立即应用或贮存待用。贮存待用应保持干燥。

(3) 切取插穗：

于早春至夏季，选先端成熟、无病虫害、无残缺茎节，按需要长度切段，习惯上长15～25厘米，或切取部位应在茎节基部最狭窄的地方，用芽接刀切下，切口宜平滑，无接刀口、无毛刺，切下后蘸涂新烧制的草木灰或硫磺粉（化工商店、大型花卉市场、农药商店、中草药铺有售），置半阴处，12～24小时伤口见干后，即行扦插。

(4) 扦插：

将备好的花盆底孔用塑料纱网或碎瓷片垫好后，装扦插土至盆高的1/2～2/3的位置，刮平压实，将插穗基部放置于土表，一手扶插穗，一手用苗铲填土，随填土，随扶正、随压实，填至留水口处，留水口从盆口至土面1.5～2厘米，大盆深些，小盆浅些。置半阴场地，2～3天后浇透水。也可将备好的盆内填好土，刮平压实后灌透水，将晒1～2天后的插穗直接扦插，扦插时先用宽于插穗的小竹板打孔，将插穗放于孔中，四周压实。在室温24～26℃环境下，10～20天即可生根。生根后即分栽。

7. 怎样用常规方法扦插仙人掌？

答：仙人掌不但是大众喜闻乐见的花卉之一，也是众多仙人掌嫁接的砧木，通常当做吉祥物栽培，民间有“家有仙人掌，神鬼不敢傍”之说。常规扦插指用整个1个茎节（1个整掌片）的扦插方法。

(1) 扦插容器选择：

常规扦插多为完整的1个茎节，体积较大，多选用口径10～20厘米瓦盆。插穗数量多时，可选用苗浅或浅木箱。

(2) 扦插土壤选择：

单独使用的土壤：最常见的为粗沙土、细沙土、沙壤土，普通园土也能适应。

混合土壤：粗沙土、腐叶土各50%；或普通园土、沙土、素腐叶土各1/3。翻拌均匀，经充分晾晒、灭虫灭菌，待恢复常温后即可应用，或干燥贮存备用。

(3) 切取插穗：

由春至夏季，选取无残缺、无病虫害、成熟的茎节，基部用利刀切取，切取时可带1～3个茎节，不宜过多，带的茎节越多，成活率就越低。切口应一刀切下，并应平滑完整，无接茬、无毛刺。选取的茎节上如果有未成熟的新枝，最好切下另行扦插，以免成活后影响株形的完整性。

(4) 扦插：

将备好的花盆垫好底孔后，填装土壤至盆高的1/3～1/2时，刮平压实，用2～3层牛皮纸，或有光纸垫手以免刺扎，将茎节基部放在土表，并扶正，另一手握苗铲填土，随填土，随扶正，随压实，填至留水口处，再次刮平压实。置半阴场地或直晒处，半日后浇透水，保持盆土湿润，通常10～15天即能生根。小盆苗可追肥转入栽培，大盆、苗浅、浅木箱应掘苗定植。

8. 银毛扇、食用仙人掌等扁平茎节类仙人掌，常规扦插繁殖与仙人掌有哪些区别？

答：扁平茎节类仙人掌种类繁多，常规扦插方法基本相同，但一些茎节较小的种类如芝麻掌、小蒲扇、翡翠掌、棉花掌，以及大型的仙人镜等，耐风雨性差，应在温室内进行扦插。

9. 怎样扦插繁殖叶仙人掌？

答：叶仙人掌为藤本花卉，在适温下为常绿，冬季光照不足，室温过低，土壤含水量较高时，变为落叶藤本。扦插繁殖在温室内四季可行，但多选择在春季，为蟹爪莲、仙人指及小型仙人球的砧木，也是盆栽观赏花卉。

(1) 扦插容器选择：

对容器材质要求不严，可选用各种材质花盆，苗浅、浅木箱、穴盘、育苗盘等。所用容器必须洁净。

(2) 扦插土壤选择：

单独使用的土壤或基质：粗沙、细沙、细壤土、蛭石、素腐叶土。

混合土壤：沙土类、素腐叶土各50%；沙土类、蛭石各50%；或沙土类、素腐叶土、蛭石各1/3。翻拌均匀后，经充分暴晒，灭虫灭菌，待恢复常温后即可应用，或于干燥处贮藏。

(3) 切取插穗：

选取2～3年生完整无缺、无病虫害枝，切成长10～15厘米段，需带有3～5芽，从基部距叶片或叶痕1厘米左右处切下削平，将基部叶片剪除，刀口宜平滑，无接口、无毛刺，并涂蘸新烧制的草木灰、木炭粉或硫磺粉，置半阴处，待伤口见干后即可扦插。

(4) 扦插：

将备好的花盆垫好底孔，装填扦插土壤至留水口处，刮平压实，再用直径稍大于插穗直径的木棍、竹棍等在土表扎孔。株行距2～2.5厘米，将插穗置于孔中，四周压实，置半阴场地的花架上，1～2天后浇透水，保持湿润，盆土不过干，在26～28℃环境下15～20天生根。新枝发生后掘苗分栽。

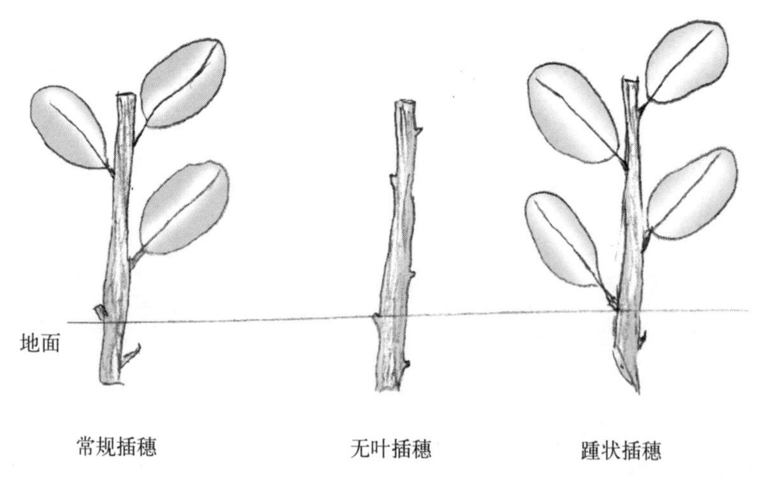

叶仙人掌扦插

10. 什么叫切块扦插？怎样实施？

答：切块扦插指将茎节（仙人掌片）在扁平面任意切割成若干片，然后用切块扦插的方法称切块扦插。操作时将切下的茎节平放于木板上，然后一手垫牛皮纸压着茎节，另一手用利刀将其切成大小相等或不等、形状相同或不同的块，切后涂抹新烧制的草木灰、木炭粉或硫磺粉，置干燥半阴场地，伤口见干后，应用扦插土进行扦插。生根后，刺组处便会生出完整的小茎节。茎节生长到一定程度，再切下扦插，这样1个茎节能繁殖多个茎节。

11. 用仙人掌作砧木怎样嫁接小令箭荷花？

答：仙人掌是嫁接小令箭荷花的良好砧木，有多种方式、多个部位均能良好亲和的特点，愈合快，生长快。

(1) 嫁接方式：

有先嫁接后扦插；无根嫁接后扦插及先扦插生根后嫁接的方式方法。

先嫁接后扦插：即在生长中的仙人掌上先进行嫁接，待接穗成活后切下，再行扦插的方法。

无根嫁接后扦插：将茎节（掌片）由母体上切下后进行嫁接，而后再扦插的方法。

先扦插仙人掌砧木，生根后进行嫁接的方法。3种方法可机动实施，成活率基本相同。

(2) 多个部位：

指在砧木茎节先端平面嫁接，在茎节的前面、后面、左面、右面平行嫁接，或各面呈90°角嫁接。

(3) 平面嫁接方法：

选择砧木：选择无病虫害，茎节完整的2～3年生或当年生已经成型的仙人掌茎节。

削砧木：选择中上部的任何部位，顺扁平方向切一刀，深度稍深于接穗切口，但习惯上在先端或先端两侧削切口。

削接穗：选生长健壮、无病虫害、先端茎节长8～10厘米的小令箭荷花，不宜过长，过长会影响成活，切下后将两个扁平面各斜削一刀，伤面呈弧形，最长处约1～2厘米。

结合：用芽接刀背面的骨片，将砧木切口撑开，将接穗插入切口，使砧木、接穗外皮基本对齐，或接穗稍向里一些，然后用两根仙人掌刺将接穗与砧木穿在一起，以免砧木挤压力将接穗挤出切口外。结合后置通风良好、稍干燥花架上。1周后接穗不萎蔫，证明已经成活，如开始蔫萎，应重新换位再接。

除砧芽：嫁接后砧木上很快会发生砧芽（新掌片），应随时掰或切除，以免影响接穗的成活。

(4) 90°角嫁接方法：

此种方法即在仙人掌砧木茎节边缘的任何地方横切一刀，刀口深2厘米左右，将削好的小令箭荷花接穗插入切口，用仙人掌刺将其固定。其它与平面嫁接相同。

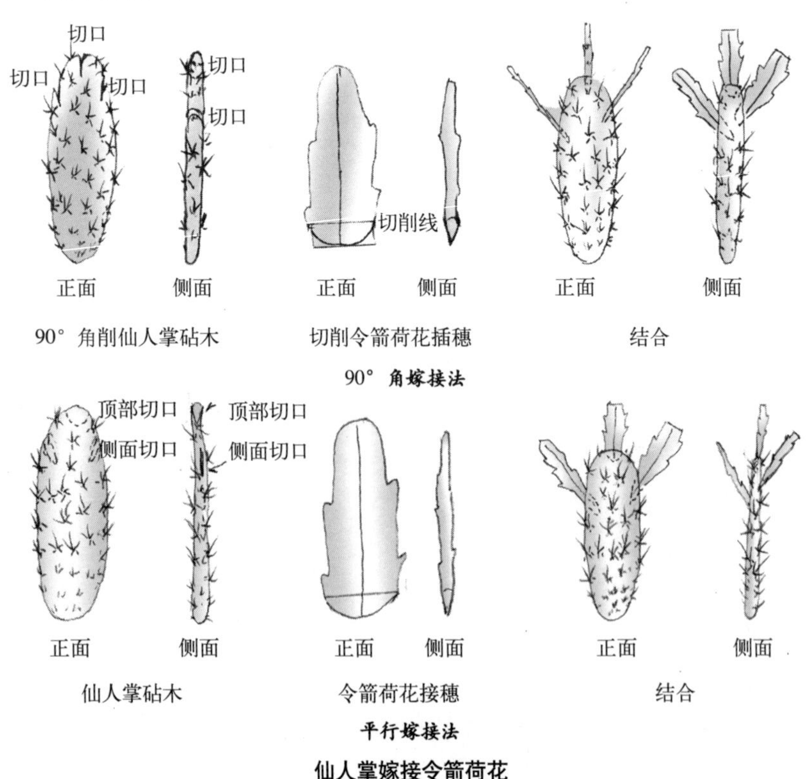

仙人掌嫁接令箭荷花

12. 以仙人掌为砧木如何嫁接蟹爪莲？

答：用仙人掌作砧木嫁接蟹爪莲，在选择蟹爪莲接穗时应选1～2年生、茎节1～3节的枝片，有分枝可不必剪除，但也不宜过多，以1～2节为好，过多则影响成活。其嫁接方法、嫁接后养护同上题小令箭荷花的平面嫁接方法。

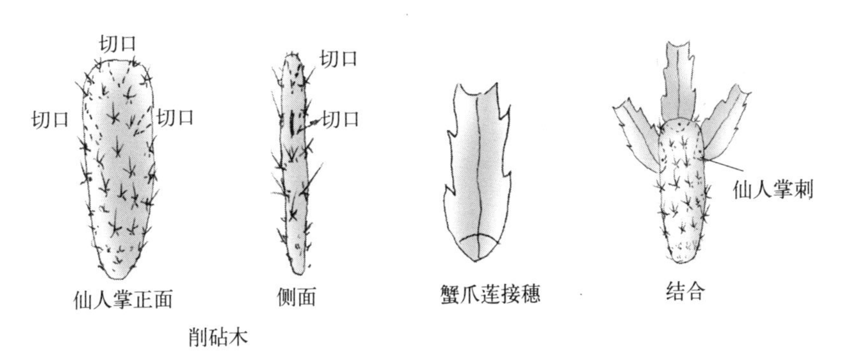

削砧木

仙人掌常规（正面）嫁接蟹爪莲或仙人指

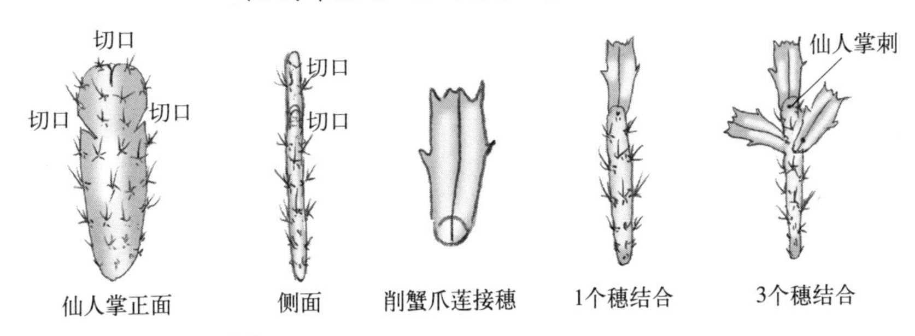

削砧木

仙人掌侧面嫁接蟹爪莲或仙人指

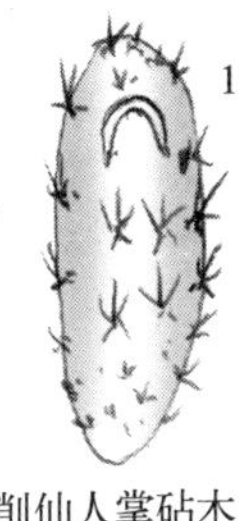

削仙人掌砧木

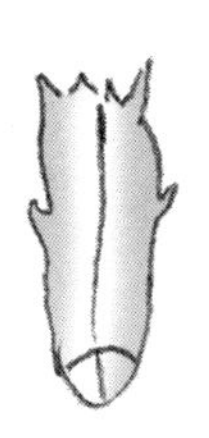

削蟹爪莲接穗

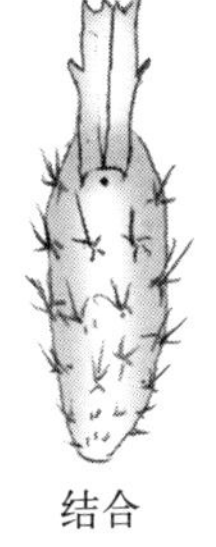

结合

仙人掌平面嫁接蟹爪莲或仙人指

仙人掌嫁接蟹爪莲

13. 怎样应用叶仙人掌嫁接蟹爪莲或仙人指？

答：嫁接方法如下：

(1) 选择砧木：

扦插繁殖的叶仙人掌最好经过1～2次修剪，有3～4个分枝时进行嫁接。每个分枝嫁接1个品种接穗，可嫁接1个至多个品种接穗，如果不修剪，通常只能接1～2个接穗，不如修剪后长得快。

(2) 削砧木：

在叶仙人掌砧木已经木质化部分，用利刀切断，然后在中心部位竖切一刀，深度约1～1.5厘米。刀口宜平滑无毛刺。

(3) 削接穗：

选1～2年生成熟的蟹爪莲或仙人指茎节，在扁平面两面各斜片一刀，长度0.5～1厘米，刀口宜平滑，无接刀，无毛刺。

(4) 结合：

用芽接刀骨片将砧木切口撑开，将接穗插入切口，用塑料胶条将其固定。1周后不萎蔫证明已经接活，如发现萎蔫应重接。

14. 怎样用量天尺嫁接蟹爪莲？

答：用量天尺作砧木嫁接蟹爪莲是最常用的方法。嫁接操作容易，成活率高，长势快而健壮。

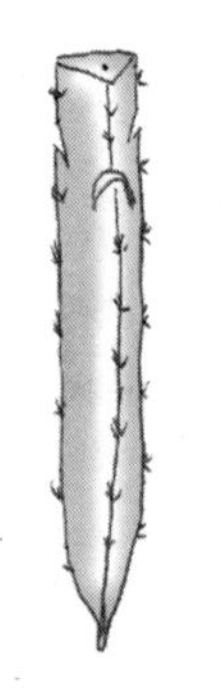

削量天尺砧木

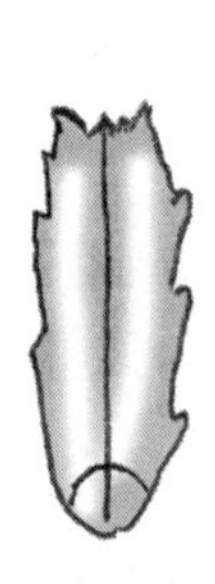

削蟹爪莲接穗

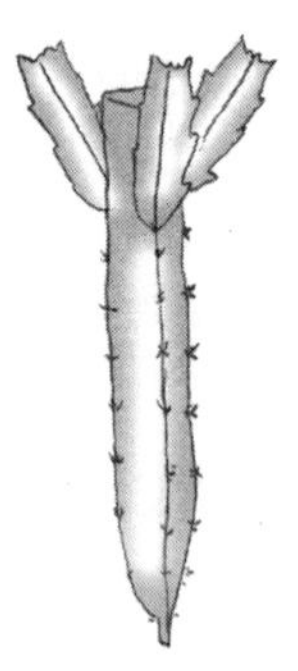

结合

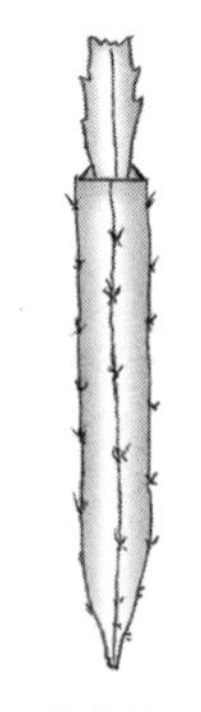

单节结合

量天尺嫁接蟹爪莲

(1) 削砧木：

选择已经生根的量天尺，将先端削平，然后在中心部位向下竖切一刀，深度应深于接穗切口长度，也可在棱上向下斜切一个刀口，嫁接成活是一样的。

(2) 削接穗：

选1～2年生成熟、完整、无病虫害的蟹爪莲枝1～2节，将基部两个平面各削一刀，皮部及先端均呈弧形，切口整齐，光滑无接刀，无毛刺。

(3) 结合：

用芽接刀骨片将砧木切口撑开，将削好的接穗插入砧木接口，用塑料胶条固定。成活后随时掰除砧芽。

四、栽培篇

1. 怎样沤制有肥腐叶土？

答：于秋季选择花圃边角不妨碍生产的场地，平整场地，场地的大小应依据腐叶土的用量而定。平整后在边缘叠埂，埂高不低于30厘米。埂内垫一层细沙土，细沙土上铺一层落叶，厚度30～40厘米，并加入适量EM菌，促使提前腐熟，减少或消除异味，压实后灌一层化粪池的人粪尿或厩肥或禽类粪肥，再填一层落叶，反复交替铺填，直至高1.2～1.6米，最高1.8米。埂随填落叶等随加高，直至封顶。如果填料过干，应喷水加湿，并覆盖塑料薄膜，加快腐熟。翌春化冻后，用三齿镐、铁锹等由一侧翻拌倒垛。以后每月余翻倒1次，直至发酵腐熟。过筛后即为有肥腐叶土。有肥腐叶土多用作栽培。

2. 怎样沤制无肥腐叶土？

答：无肥腐叶土沤制方法与有肥腐叶土基本相同，只是不加任何粪肥，只有枯枝、落叶、杂草等与沙土。

3. 村外山脚下有堆积的落叶，上面的是硬脆的干叶，底层已经变黑成粉末状。能否运回作腐叶土？

答：可在原地分层过筛，下层已经腐熟的可作腐叶土，上层尚未腐熟的应继续堆沤，或运回后对过于完整的落叶及树枝等进行粉碎，加湿、加EM菌进行二次堆沤，充分腐熟后，即可代替人工沤制的腐叶土。

4. 河水、塘水、井水、深井水、泉水、雨水、自来水等，哪种水浇花最好？

答：河水、塘水、雨水接触空气面积大，接触阳光多、水温高、营养元素易分解，应该是最好的水。井水次之，深井水、泉水等地下水，基本是在衡温下流动，水温低，矿物质不易分解，需经明沟流淌或晾晒后再浇灌。自来水含有一定量消毒灭菌药剂，又在不接触空气及阳光的管道中流动或存留，故应用时最好能经过晾晒后浇灌。这些深层地下水、自来水也可通过水塔、较长的浅土层或明设管道增温后直接浇灌。河水等如有污染不宜使用。

5. 剩茶水能否用于浇灌小盆花？

答：用剩茶水浇灌小盆栽培的仙人掌类花卉，水为碱性，但不会对花卉有大的伤害，但剩茶叶堆积在盆表，在发酵腐熟过程中会产生一定量的还原物质和有害气体，这些物质对植株是有害的，另外还能藏匿大量病虫害，既不卫生，又有碍观瞻。

6. 洗菜水、淘米水、刷锅水、米汤、面汤、蒸锅水能否用来浇小盆花？

答：洗菜水确认无病虫害存在，将残渣捞出，即可浇灌。淘米水、刷锅水、蒸锅水，无过多残渣、盐分时，可以应用。米汤、面汤含有大量食物残渣，不能直接浇，应经发酵腐熟后充当肥料应用。

7. 小吃一条街每天都有剩菜、剩饭、摘菜的残体，能否将这些废料堆沤成堆肥？

答：选择远离生活区的地方，建立沤肥池，或选用堆沤场堆沤，方法比较简单。建立贮肥池时，将这些剩弃物置入池中加水发酵，充分发酵腐熟后加入适量腐叶土及沙土，起出后充分晾晒，干燥后贮藏待用。堆沤的方法参照腐叶土，但没有季节限制。堆沤肥料多有异味，会招来蚊蝇、金龟子等，可喷洒40%氧化乐果乳油1500倍液，或20%杀灭菊酯乳油2000倍液，或25%西维因可湿性粉剂，或3%呋喃丹可湿性粉剂撒粉杀除。

8. 废食用菌棒能代替腐叶土栽培仙人掌类植物吗？

答：废食用菌棒多用棉籽皮或玉米棒经过高温消毒灭菌后制成，具有疏松通透、排水良好，含有害物质或气体少，不含草籽，含养分丰富的特点。可按腐叶土应用量直接掺入栽培土。

9. 怎样栽培好令箭荷花？

答：令箭荷花苗期长势较慢，2年以后长势加快，基部分生苗加多，通常栽培3～4年即可开花。开花枝多为3～4年生老枝，新枝很少或不能着蕾。能开花的植株冬季需要充足光照，光照不足，花芽不能分化，不能良好开花，同时需要室温不低于15℃，还要对生长过盛或先端发生的新枝进行修剪，及生长期间要充足供肥，才能良好开花。

(1) 栽培容器选择：

1～2年生苗选择14～16厘米口径花盆，3～4年生成型苗，选用18～22厘米口径高筒瓦盆。花盆应用前必须保持洁净。应用旧花盆，如盆口、盆壁有黏结的污垢时，可用锉刀刷或钢丝刷刷净，再用清水刷洗后再用。

(2) 栽培土壤的选择：

普通园土20%，沙土类50%，腐叶土30%；或普通园土、细沙土、腐叶土各1/3。另加腐熟厩肥10%左右，应用腐熟禽类粪肥、腐熟饼肥、颗粒或粉末粪肥时为6%～8%。翻拌均匀，经充分暴晒，灭虫灭菌，恢复常温后应用，或在干燥环境中贮存。

(3)上盆栽植：

将备好的花盆用塑料纱网或碎瓷片将底孔垫好，装入栽培土至盆高的2/3左右，一手将苗根系放置于盆的中心位置，并扶正，另一手用苗铲填土，随填土、随扶正、随压实，至留水口处。水口从土面至盆口1.5～2厘米，不宜过浅或过深，过浅一次浇水浇不透，过深则减少盆内容土量，且浇水不易控制。

(4) 支架：

为保持茎节处于直立状态，应在上盆后即行设立拍子为支撑架，支架可用小竹竿、芦荻等制作，通常先插杆3～5根，中间一根较长，向两侧渐短，顶端用弧形或三角形将中央一根与边上连接，然后横向每隔10厘米左右编插一根拉撑，最后将带状的茎节固定在支架上，并随生长随绑固。

(5) 摆放：

由于支架是一个扁平面，摆放时应一个大面向阳，并摆放在备好的花架上。令箭荷花喜光照，又不喜欢过强的直晒，故花架应摆放在温室后口，如摆放在中前口，夏季应适当遮光。冬季必须有良好光照，光照不足，花芽不易形成，即便形成，在光照不足、通风不良、室温低于15～20℃、供肥不足、盆土长时间过湿，也会脱落。

(6) 浇水：

上盆后次日浇水，以后不干不浇。恢复生长后，炎热夏季保持盆土湿润，以利于生长。室温低于15℃保持偏干，低于12℃最好停止浇水，不过于干燥不浇水。炎热夏季向栽培场地及四周喷水，增加小环境湿度及降低室温。

(7) 追肥：

生长期间每10～15天追肥1次。可选用浇施也可选用埋施。浇施时直接浇于土表，切勿溅于茎节上，一旦溅于茎节应喷水冲洗。埋施时，沿盆壁内将土壤掘一圈小沟，将干肥撒入沟内后原土回填，压实刮平浇透水。室温低于12℃时停肥。

(8) 其它养护：

土表板结时松土，随时薅除杂草。基部茎节过多过密时疏剪，先端发生新茎节及时掰除。开过花的老枝，再次着花率低，应剪除，培育营养枝转为开花枝。并对弱枝、重叠枝、下垂枝、横生枝、伤残枝、病虫害枝进行剪除，这类枝条留下也不能良好孕蕾开花，只会消耗养分，且观赏价值不高。

10. 怎样栽培好昙花？

答:昙花在北方可温室栽培，也可夏季移至室外。属弱阳性花卉，喜半阴，也可逐渐移至光照下栽培，在夏季中午稍有遮光下，长势最好。夏季能耐不积水的雨淋。喜肥、耐肥。光照不足、冬季室温过低，低温下盆土过湿，生长期间肥分不足，均不能良好开花。

(1) 栽培容器选择：

昙花长势快、长势健壮，但较为铺散，选择容器时不宜过小。苗期选用口径14～16厘米高筒盆，成苗期多选用18～26厘米口径高筒瓦盆。上盆前刷洗洁净，应用旧花盆，如盆口、盆壁粘有污渍，可用钢丝刷、锉刀刷刷除，用清水洗净后应用。应用高密度材质花盆时，应选用通透性更好的土壤。

(2) 栽培土壤的选择：

选择普通园土30%、细沙土40%、腐叶土30%，或普通园土、细沙土、腐殖土各1/3，另加腐熟厩肥10%左右，应用腐熟禽类粪肥、腐熟饼肥、颗粒或粉末粪肥为6%～8%，翻拌均匀，经充分晾晒，灭虫灭菌，恢复常温后应用，或干燥贮存待用。应用高密度材质花盆，如瓷盆、陶盆、塑料盆时，将土壤调整成细沙土60%～70%，腐叶土40%～30%，加入肥料不变。盆底垫陶粒以利排水。

(3) 上盆栽植：

将备好的花盆垫好底孔后，填土至盆高的1/2左右即行栽植。栽植时扶正后再行填土至留水口。水口应依据植株大小、花盆大小留2～2.5厘米。应用高密度材质花盆时，垫好盆底孔后，垫一层建筑用陶粒，厚3～5厘米，再垫入一层栽培土，即将植株根系置入盆中心位置，随之四周填土，边填土、边扶正、边压实，直至留水口处，刮平压实，并在土地上手握盆沿蹾实。

(4) 设支杆：

依据株型高矮、基生枝多少，设立拍子形支架，并进行绑扎。

(5) 摆放：

可摆放在夏季中午不直晒的荫棚下，通风良好的温室中，或树荫下，建筑物北侧、东侧。摆放时最好盆下垫一层砖石，以防地下害虫由盆底孔钻入盆中危害根系及幼芽。冬季最好摆放在温室内光照充足场地的花架上。

(6) 浇水：

上盆或换盆时，栽植好1～2天后浇透水，以后土表不干不浇。夏季炎热天气保持盆土湿润，雨季可不防雨，但必须排水良好，特别是雷阵雨后，排水不良会导致烂根。自然气温或室温低于15℃时，保持偏干。

(7) 追肥：

昙花喜肥，在生长期间每10～15天追肥1次。追液肥时，应将肥水直浇于盆内土表，勿溅于茎节上，如溅于茎节应及时喷水冲洗，否则会因肥污而产生腐烂。埋施时，沿盆内壁一圈将盆土掘出一条小沟，将肥料撒入沟内后原土回填，压实刮平后浇透水。如选用点施时，用木棍、竹竿等沿盆壁内扎孔，将肥料灌入孔中后四周压实，浇透水，效果是一样的。

(8) 其它养护：

随时薅除杂草，土表板结时松土。对弱枝、过密枝、病残枝随时剪除。对新生枝进行绑缚，保持拍子上茎节分布均匀。恶劣天气进行防护。自然气温低于12℃或霜前移入温室，摆放于光照较好处。

11. 阳台环境怎样栽培昙花？

答：除北向阳台外，其它三个朝向阳台均能栽培昙花。栽培容器最好选用口径18～24厘米瓦盆，家中如有相似口径的旧花盆也可利用，但必须洁净。盆土应疏松肥沃，富含腐殖质，有旧盆土也可应用，但最好应为普通园土、细沙土、腐叶土或腐殖土各1/3，另加市场供应的颗粒粪肥6%～8%，于夏季翻拌均匀，铺在水泥地面上暴晒致干透，待恢复常温，即可应用，或置干燥场地贮存备用。于早春在室内上盆或脱盆换土（营养生长期间不考虑花芽分化，可于春至夏季上盆或脱盆换土或换盆），置光照较好场地，1～2天后浇透水，以后不干不浇。早春室温过低，光照过弱，通风不良，盆土长时间过湿，植株根系容易受到伤害，引发烂根腐茎。自然气温稳定于12℃以上时，移至敞开阳台光照较好处。随着时间后延，光照强度也随之加强。当自然气温稳定在15℃以上时，出室即应摆放于半阴场地或适当遮光，否则会造成日灼，轻则变色，重则干燥穿孔。移出后即行喷水，喷水时应在通风良好的半阴处，待茎节上无明水后，移至直晒光照下，否则茎节上留下的水珠，会形成光焦点，灼伤植物，雷雨骤晴也会产生这种伤害。

光照强弱对花芽分化有直接影响。在充分明亮或直晒下，花芽分化容易，光照不足，花芽不能良好分化，不能现蕾开花。经一段室外环境适应后，进行追肥，每10～15天1次。家庭条件为防止浇肥水发生异味，可在肥水中加入适量EM菌，或选用埋施。浇水、喷水选择早晨或傍晚，避开炎热中午。中午自然气温高，土温高，浇水的热气会烫伤植株，最后腐烂全株死亡。在正常情况下能耐炎热夏季。土表板结时，随时松土并薅除杂草。成型植株应及时设支杆，随时整形绑扎。对过密、过强、过弱、横生、下垂、病残枝条行疏剪或剪除，修剪下的健康枝条可用作繁殖材料。

入秋后随自然气温下降，减少浇水量及次数，保持土表不干不浇水，并停止追肥。自然气温低于12℃时，移至室内光照较好处，室温低于12℃以及供暖前及停止供暖后两个时间段，最好不浇水，如过于干旱时，可少量浇水，一定要保持偏干。供暖后仍不能大量浇水。冬季浇水、喷水等所用之水，应先将自来水放入广口容器中，待水温与室温相近时再浇、再喷。浇水、喷水均应在室内进行。翌春室外自然气温稳定于12℃以上时，移至室外，置敞开阳台栽培。每隔3～5年脱盆换土1次。

12. 家庭条件怎样栽培令箭荷花?

答：令箭荷花既能在平房小院栽培，也能在阳台栽培。无论在何处栽培，应直射光不太强，又要有充足明亮的光照，场地不受雨淋。平房可摆放在南窗下或有防雨设施的树荫下、瓜棚、葡萄架下或建筑物东侧、西侧。阳台栽培最好是南向阳台，东侧、西侧虽然夏季能栽培，但冬季需要摆放在光照较好的地方。家庭条件，栽培容器多选用口径14～20厘米高筒瓦盆，营养生长期常用14～16厘米口径，成型期多用18～20厘米口径花盆。应用前应刷洗干净，家庭条件应用旧花盆是常见的，如盆口、盆壁黏有污物，应用锉刀刷或钢丝刷刷除后，再用清水刷洗洁净后应用。栽培土可选用普通园土30%、细沙土40%、腐叶土30%，另加腐熟厩肥10%～15%，应用腐熟禽类粪肥、腐熟饼肥、颗粒或粉末粪肥时为8%左右，土肥翻拌均匀经充分暴晒，待恢复常温后应用，或在干燥条件下贮存。

春季栽植后，室外自然气温稳定于12℃以上时，移至阳台有直射光或光照充足处，喷水洗净积尘，开始追肥，每10～15天1次，可选用浇施，也可选用埋施中的围施或点施。应用无机肥时，浓度应为2%～3%，不宜过浓，以免产生肥害。炎热干旱季节，每天早晨或傍晚浇水或喷水，但不能积水，不能淋雨。随时薅除杂草。盆土表面板结时松土，保持土壤通透。并随时对生长过密、过弱、先端下垂、伤病枝进行修剪或绑扎。随气温降低，减少浇水或喷水次数及数量，当自然气温下降至15℃以下时，移至室内或封闭阳台光照较好处，保持盆土偏干。供暖前及停止供暖后两段低温时间段，盆土不特别干不浇水。冬季浇水、喷水所用之水，必须先将自来水放入广口容器中，待水温与室温相近时再浇、再喷。翌春自然气温回暖后，仍移至阳台或室外栽培。

13. 怎样养好扦插的蟹爪莲及亮红仙人指？

答：蟹爪莲和亮红仙人指均为温室花卉，全年在温室中栽培，需要温暖环境，生长适温15～25℃，15℃以下生长缓慢，10℃以下停止生长，12℃以下易产生落蕾。前期营养不足，长时间盆土过湿，通风不良，改变环境也会落蕾。蟹爪莲、亮红仙人指均为短日性花卉，日照短于12小时即可育蕾，可利用其短日性进行促成栽培。

(1) 栽培容器选择：

扦插苗株冠不会很大，花盆多选用口径10～14厘米瓦盆。应用高密度材质花盆时，应垫一层陶粒以利排水。容器应用前应刷洗洁净。

(2) 栽培土壤选择：

土壤选用沙壤园土70%、腐叶土30%，或粗沙土60%、腐叶土40%；另加腐熟厩肥10%～15%，应用腐熟饼肥、腐熟禽类粪肥、颗粒或粉末粪肥应为8%左右。于夏季翻拌均匀，经充分暴晒致干，灭虫灭菌，恢复常温即可应用，或装入容器置干燥环境贮存待用。

(3) 掘苗栽植：

扦插苗株型矮小，根系也小，可用小竹板做的工具将其掘出盆外，再将备好的花盆垫好底孔后，填装栽培土至盆高的3/4左右，一手将2～3株小苗根部置花盆中心部位，一手填土，随填土，随扶正，随压实，使苗始终保持直立。填至留水口处（距盆沿1厘米左右），轻轻上下蹾实。应用高密度材质盆时，用塑料纱网或碎瓷片垫好底孔后，垫一层陶粒，也可用木屑、碎树枝、夹气板（砖）碎块等，厚度3～4厘米，再填土栽植。

(4) 摆放：

上盆后，摆放在温室内光照、通风良好处的花架上。摆放宜整齐不乱。

(5) 浇水：

1～2天后浇透水，随之保持偏干。恢复生长后稍增加浇水量。在炎热夏季保持湿润，室温过高时，向场地四周喷水。室温低于15℃时，盆土应偏干，保持不干不浇水。

(6) 追肥：

生长期间每10～15天追肥1次。因栽培容器小，载土量少，最好不要埋施。应用无机肥时，应以磷钾肥为主，少施氮肥，将其对水成浓度2%～3%浇灌，施肥后盆土不宜过干。

(7) 其它养护：

勤转盆。随时薅除杂草。土表板结时松土。

14. 怎样栽培好仙人掌嫁接的蟹爪莲及亮红仙人指？

答：嫁接苗长势较为健壮，栽培中应兼顾砧木与接穗的习性，如仙人掌适应性强，夏季能在露天阳光直晒下栽培，甚至能在短时0℃条件下越冬，对土壤要求也不严格。而蟹爪莲和亮红仙人指，四季均须在室温12℃以上，光照充足明亮不直晒，要求疏松、肥沃沙壤土才能良好生长。在这种较大的差别下，最好在温室光照上偏向蟹爪莲或亮红仙人指，在水、肥、土壤方面偏向仙人掌。

(1) 栽培容器的选择：

依据砧木的大小、植株冠径的大小，决定花盆的大小。蟹爪莲、亮红仙人指嫁接后，大多数当年开花，冠径不一定很大，通常选用口径14～16厘米高筒瓦盆，随生长，换入口径18～20厘米高筒瓦盆中。多层嫁接可依据需要而定，最大口径可选用木桶栽培。

(2) 栽培土壤选择：

选用普通园土30%、细沙土50%、腐叶土20%，另加腐熟厩肥10%～15%，应用腐熟禽类粪肥、腐熟饼肥、颗粒或粉末粪肥时为8%左右。应用高密度材质容器时，盆底垫一层陶粒，盆土为粗沙60%～70%，腐叶土40%～30%，另加肥不变。经夏季翻拌均匀后，充分暴晒至干，灭虫灭菌，恢复常温后即可上盆应用，或置于干燥场地储存待用。

(3) 掘苗上盆：

小盆或营养钵繁殖苗脱盆或钵，苗浅或浅木箱繁殖苗用苗铲掘苗。苗掘出后，将备好的花盆垫好底孔，填土至盆高的1/3～1/2处，用牛皮纸垫手握住砧木，将苗的根系放置于盆内中心位置土表，另一只手用苗铲填土，并随填土、随扶正、随压实，使苗保持直立状态。直至留水口处，刮平四周压实。选用高密度材质花盆时，垫好盆底孔后，垫3～4厘米厚陶粒，填一层栽培土后再栽植。

(4) 摆放：

上好盆后，摆放在备好的花架上，花架摆放位置应通风良好，夏季中午有遮光的场地，或摆放在光照充足、不直晒、有防雨设施的棚架下。冬季需要充足光照。

(5) 浇水：

1～2天后第一次浇透水，以后土表不干不浇。恢复生长后，在炎热夏季保持盆土湿润，室温低于12℃保持偏干，低于10℃，土壤不特别干旱时最好不浇。原则上炎热、干旱、风天、光照较强、通风顺畅时，多浇；反之则少浇。

(6) 追肥：

生长期间每15～20天追肥1次，可浇施也可埋施。冬季停肥。

(7) 其它养护：

勤转盆。随时薅除杂草。盆土板结时松土。随时掰除砧芽。花蕾出现后，浇水不能过多，室温最好不低于15℃，盆土长时间过湿、光照过弱、室温过低、通风不畅，均会造成落蕾。

15. 用量天尺嫁接的蟹爪莲、亮红仙人指怎样栽培?

答：量天尺耐阴、喜湿、喜温暖、耐高温，在阴湿、高温环境中长势良好。栽培土壤选用粗沙土；或细沙土60%、腐叶土40%，另加腐熟厩肥10%～15%，或腐熟禽类粪肥、腐熟饼肥、颗粒或粉末粪肥6%～8%，并需翻拌均匀，经夏季充分暴晒至干，恢复常温后应用，或干燥贮存，或通过高温消毒灭菌灭虫后应用。应用瓷盆、陶盆、硬塑料盆等高密度材质盆时，应垫好盆底孔后，放一层3～5厘米厚的陶粒、粗炉灰渣、木屑等，以利排水通畅。上盆后放置于备好的花架上，1～2天后浇透水，并保持盆土湿润，不过干，不积水。夏季生长期间，每10～15天追肥1次。随时掰除砧芽。冬季室温低于15℃停止追肥，减少浇水。低温、过湿、光照不足均会产生皮下组织腐烂坏死，但有髓心木质化部分支撑，仍能维持一段时间，一旦产生脱节（茎节片脱落），将无法恢复，应进行更新。

16. 用叶仙人掌嫁接的蟹爪莲、亮红仙人指怎样栽培?

答：叶仙人掌适应性强，栽培容易。喜温暖，耐高温，但不耐寒。喜半阴，也能耐阳光直晒。喜湿润，能耐干旱。对栽培土壤要求不严，但根系少，茎细弱，不易生长发育成较大的冠径。生长期间需光照充足。每10～15天追肥1次。勤转盆，勤松土，勤除草。冬季室温最好不低于15℃。其它参照仙人掌、量天尺的嫁接苗。

17. 怎样才能促成蟹爪莲、亮红仙人指提前开花?

答：蟹爪莲、亮红仙人指均属短日性花卉，成型的茎节在日照短于12小时，即能分化花芽并开始生长、伸长、膨大。需要促成数量较多时，应用温室栽培，数量不多可搭建简易棚，也可利用空闲的房屋。温室采光面门、窗全部覆盖可卷放的黑色不透明材料制成的卷帘。简易棚可用木材、钢材或竹竿等搭建，用油毛毡封面，每天下午17:00遮光，翌晨9:00卷起，使其充分受光，通常50天左右即能开花。数量不多时，也可选用搬移的方法，即将简易棚或闲置房屋，全部封成暗室，每天下午17：00将花盆搬入暗室，翌晨9:00再移回温室。遮光必须连续准时，否则将会失败。促成栽培的设施应有通风降温设施，以保证花芽转化及生成。花蕾透色后，恢复常规养护，即能良好开花。

18. 楼房条件怎样栽培好嫁接的蟹爪莲及亮红仙人指？

答：蟹爪莲、亮红仙人指，喜充足明亮光照，不耐直晒。夏季最好选择南向阳台内的窗台上或花架上；东向阳台的阳台面或阳台面的花架上；西向阳台最好设遮阳物；北向阳台因光照不足，不能良好生长，但夏季会有充足光照。通常春季自然气温稳定于15℃以上时，由室内移至阳台上，喷水洗净灰尘，脱盆换土或开始追肥，每10～15天1次。换土或栽植时，要垫牛皮纸以防针刺扎手。每天早晨或傍晚浇水。用仙人掌为砧木的，水浇少些，量天尺及叶仙人掌做砧木的，稍偏湿一些。茎节无尘污时，最好不喷水。勤转盆。自然气温低于15℃时，移入室内光照较好场地，减少浇水量及浇水次数，保持偏干。此时正值花芽分化或已经现蕾，盆土不过湿也不能过干，以土表见干再浇水为好。室温最好不低于15℃，低于12℃不能再浇水，盆土干些可少落蕾。光照必须充足明亮，此时室温低，光照不足，盆土过湿，加之环境改变，均会产生脱蕾，为防止落蕾，可提前移入室内，会有所改善。花期盆土保持湿润，但不能积水。浇水或喷水水温与室温应相近。翌春天暖后移至阳台，或留于封闭阳台栽培。

19. 什么叫多层嫁接？怎样栽培？

答：多层嫁接又称造型嫁接，是利用一株完整、多茎节的仙人掌，每个茎节上均嫁接1～5个接穗（通常嫁接1～3个），这种方法称为多层或分层造型嫁接。多层嫁接株型较大，冠径也大，选择的花盆也大，这种大型嫁接苗多选用口径24～40厘米瓦盆，也可选用瓷盆、木桶等。多年生仙人掌在换盆时，应将其用绳子拢好，栽植时拉正。常用栽培土为普通园土30%、细沙土50%、腐叶土或腐殖土20%，摆放于温室内半阴场地，或室内光照明亮处。夏季充分浇水，保持湿润，尽可能不选用喷水。每15～20天追肥1次，8～9月改为10～15天1次，以含磷、钾高的种类为主，少施氮肥，应用无机肥，氮、磷、钾比例最好为1∶3∶2，对水成浓度2%～3%浇灌。盆土板结时松土。随时切除新生出的茎节芽，冠径过大时，修剪去先端一部分，修剪时间应在花后至翌年6月，修剪下的茎节可做繁殖材料。也可设支架，将下垂部分撑起。冬季室温最好保持夜间不低于12℃，有明亮光照，盆土偏干，停止追肥。

20. 怎样栽培量天尺才能开花结实？

答：量天尺原产热带，喜温暖，耐高温，喜湿润也能耐干旱。北方温室栽培，夏季在遮阴下长势良好，冬季室温最好不低于15℃。可畦栽也可盆栽。应选取易开花、易结实的品种。

(1) 容器栽培：

容器选择：量天尺虽然根系不是太大、太多，但栽培容器不能过小，一般情况用不小于口径30厘米的高筒盆。应用前宜刷洗洁净。

栽培土壤选择：选择沙土类50%～60%、腐叶土或腐殖土50%～40%，另加腐熟厩肥10%～15%，应用腐熟禽类粪肥、腐熟饼肥、颗粒或粉末粪肥时为6%～8%。土壤应翻拌均匀，经充分暴晒灭虫、灭菌，恢复常温后应用，或干燥贮存待用。

株干选择：于春至夏季，选择茎干完整、健壮能直立的单节或单枝，茎高不小于50厘米，已经生根的植株上盆。

栽培温室准备：摆放前将温室内杂物全部清理出室外，并做适当处理，切勿清理了一处乱了另一处。地面进行平整。对所有设施如供水、供暖、通风、遮阳、门、窗等设施进行一次维修，如增加新设施，也应在摆放前施工。整理好后，喷洒一次灭虫灭菌剂，通常选用40%氧化乐果乳油1000～1500倍液，或20%杀灭菊酯乳油4000～5000倍液，加75%百菌清可湿性粉剂500～800倍液，或50%多菌灵可湿性粉剂500～800倍液，配制时宜分别配置，再混合。喷洒宜严密，如地下害虫较多或有线虫病史，应同时防治，可选用3%呋喃丹微粒剂或10%铁灭克颗粒剂，每亩用量2～2.5千克。

上盆栽植：用碎瓷片、碎瓦片垫好底孔后，垫3～5厘米厚陶粒或粗炉渣，或腐叶土过筛后的粗料，然后填土至盆高的2/3～3/4处，将量天尺根部放于土表，使根系四散开，勿团在一起，再填土至留水口处，刮平压实。

摆放：摆放前先规划好摆放用地，预留养护操作通道及搬运通道，靠墙一排距墙要预留30～40厘米空间。横向盆与盆间可相接，通常摆2～4盆，竖向以温室进深而定，成为一方。方与方间留操作通道，不应小于40厘米。温室前口低矮，应适当留空间，后口应留搬运通道。摆放宜横平竖直。

浇水：栽植好后的1～2天浇透水，以后土表不干不浇水，20天后充分浇水，保持土壤湿润。天气越热，浇水越多。冬季保持偏干。

室温调节：夏季控制在25～30℃，室温过高，增加遮阳，喷水于场地四周，开窗加大通风。冬季最好保持夜间不低于12℃。

追肥：栽植第一年夏季生长期间15～20天追肥1次，第二年以后每10～15天1次，这是因为前期为新土，含肥分丰富，加之株冠小、根系少，肥分消耗较少，第二年栽培土壤中部分肥分被消耗，株冠不断加大，根系吸收能力增强，消耗养分增多，故应增加追肥次数。可选用浇施、埋施，应用无机肥时，应以磷钾肥为主，对水成浓度2%～3%浇灌，浇肥时将出肥口贴于盆内土面，以免溅于茎干，肥后浇水宜多些，做到肥大水大。冬季室温低于20℃时停肥。枝干软弱时增施钾肥，花后多施磷、钾肥。

修剪：基部及中部发生的新枝、瘦弱枝、过密枝、病残枝及时剪除，仅留先端健壮枝3～5枝。茎干较弱时，应立杆绑缚。

中耕除草：肥后或土壤板结时中耕松土，杂草随时有发生，随时薅除。除草宜小不宜大，并要除根，杂草不但与仙人掌争夺土壤中的水分、养分，还藏匿病虫害，影响土温上升，应随时薅除。

花期授粉：温室内很少有或无昆虫授粉，故需人工授粉。方法是用一支新毛笔或用脱脂棉球签将雄蕊上的花粉沾下点在雌蕊的柱头上，点时宜轻，并反复2～3次。保持室温，勿使其淋水，一旦着水，将会失败。

冬季保温：为保持室内温度，冬季在前窗应设保温被、蒲席等，白天掀开，晚上放下。

(2) 温室内平畦栽培：

清理好温室后，规划出栽植与养护通道位置，进行叠畦，畦宽40～120厘米，畦埂踏实后高15～20厘米，宽35～40厘米。叠好后，畦内进行翻耕，并施入每亩腐熟厩肥3000～3500千克，应用腐熟禽类粪肥、腐熟饼肥、颗粒或粉末粪肥时为2000～2500千克，翻耕深度不小于30厘米，翻耕后按畦耙平压实。按株行距40～60厘米栽植。栽植后1～2天浇透水，以后保持湿润。其它养护与容器栽培基本相同。

21. 仙人掌、黄刺仙人掌、灰刺仙人掌、圆武扇、美人扇、霸王扇、龟圆仙人掌、小蒲扇栽培方法一样吗？怎样栽培才能良好生长？

答：仙人掌、黄刺仙人掌、灰刺仙人掌、圆武扇、美人扇、霸王扇、龟圆仙人掌、小蒲扇均属强阳性沙生植物，习性基本相同，栽培方法大致相同。作为商品，多为1～2茎节的小型株，或作为砧木出售，很少有大型商品苗，其中小蒲扇可做小型或微型盆栽。栽培用的花盆口径大小可依据株型大小选择。栽培土壤用普通园土加10%腐熟厩肥即能长好，但多选用普通园土、细沙土、腐叶土各1/3，另加腐熟厩肥8%～10%，应用腐熟禽类粪肥、腐熟饼肥、颗粒或粉末粪肥时为5%～6%。栽植后，至阳光直晒场地，1～2天后浇透水，缓苗后，保持湿润。雨季及时排水。为良好生长，每月余追肥1次。霜前移入温室，冬季保持盆土偏干，翌春自然气温稳定在10℃以上时，即可移出温室。每3～4年脱盆换土或换盆1次。

22. 怎样在温室内畦栽食用仙人掌？

答：在温室内畦栽食用仙人掌方法如下。

(1) 清理温室，平整场地：

将温室内杂物、杂草清理出栽培场地，将场地进行平整，划分栽培地，预留养护操作通道。对所有设施进行维修，新增设施也应在翻地前施工。

(2) 翻耕叠畦：

畦宽40～120厘米，长按温室进深，除去前窗下30～40厘米，北侧操作通道1.2～1.5米，即为畦的长度。畦埂高踏实后10～15厘米，最窄不能窄于30厘米。叠好畦埂后，畦内施入腐熟厩肥每亩3000～3500千克，翻耕深度不小于25厘米，应用腐熟饼肥、腐熟禽类粪肥、颗粒或粉末粪肥应为

2000～2500千克。土壤中杂物过多，应过筛或更换园土。

(3) 灭虫灭菌：

全面喷洒一遍杀虫杀菌剂，有地下害虫或线虫史应一并防治。习惯上常用40%氧化乐果乳油1000～1200倍液；或20%杀灭菊酯乳油4000～6000倍液，加50%多菌灵可湿性粉剂800～1000倍液；或70%甲基托布津可湿性粉剂500～600倍液，或75%百菌清可湿性粉剂500～800倍液，严密喷洒。也可选用烟雾剂熏蒸。有地下害虫或线虫，可选用3%呋喃丹微粒剂或10%铁灭克颗粒剂，每亩用量2～2.5千克。

(4) 栽植：

按单行或双行，株行距40～60厘米挖穴栽植。选用的苗为1～2个茎节，也可不带根，直接扦插，很快即能成活，并开始生长。

(5) 浇水：

栽植后1～2天浇1次透水。生长期间保持畦土湿润。低温或冬季则应保持偏干。夏季应保持通风良好，充足光照，最好不受雨淋，不积水。

(6) 追肥：

第一年生长期间每15～20天追肥1次，第二年改为10～15天1次，可浇施也可埋施。埋施时可选用条沟埋施，也可井字围施。条沟埋施是在行间掘开一条宽10～15厘米、深8～10厘米的小沟，将干肥撒入沟内，原土回填的方法。井字埋施是在行间与株间两侧掘开土壤，撒入肥料后原土回填，耙平压实的方法。施后即行浇水。作为食用的，尽可能施用有机肥，不施无机肥（化肥），冬季停肥。

(7) 中耕除草：

肥后、雨后土壤板结时进行松土，并随时薅除杂草。

23. 蓑衣掌、仙人镜、银毛扇、翡翠掌栽培方法相同吗？

答：蓑衣掌、仙人镜、银毛扇、翡翠掌均属弱阳性多刺多浆花卉，虽然形态各异，但栽培方法基本相同。因其茎节有大有小，在选择栽培容器时应依据实际情况而选择，如仙人镜茎节较大较厚，选择容器时应选择16～20厘米口径花盆，蓑衣掌、银毛扇、翡翠掌等则选用14～16厘米口径高筒花盆。栽培土壤选用普通园土、细沙土、腐叶土各1/3，另加腐熟厩肥8%～10%，应用腐熟禽类粪肥、腐熟饼肥、颗粒或粉末粪肥时为6%左右。上盆后置温室通风良好、半阴场地，或有防雨措施的花架上。上盆1～2天后浇水，以后保持土表不干不浇水，浇水时要压低水压，直浇于土表，切勿浇于茎节上，特别是蓑衣掌、银毛扇，一旦因浇水、施肥将毛刺污染，将再无法彻底除去。每15天左右追肥1次，可浇施也可埋施，施用浓度宜淡不宜浓，应用无机肥时应对水成浓度2%～3%浇灌。随时薅除杂草。土表板结时松土。夏季切勿受雨淋，以免烂根。冬季室温应保持在10℃以上，在土壤干燥、日照良好的条件下，能忍受5℃低温，低于5℃有可能受寒害，一旦受害，很难挽回。冬季浇水应将水放入晒水池，待水温与室温相近时再浇灌。3～4年或依据长势脱盆换土1次。

24. 怎样栽培好棉花掌？

答：棉花掌属弱阳性多刺多肉花卉，身披白色长毛，蓬松，潇洒，奇特而美观。因茎节不大，通常选用口径10～14厘米高筒花盆栽培。盆土选用普通园土、细沙土、腐叶土各1/3，另加腐熟厩肥6%～8%拌均匀，于炎热干旱夏季充分晾晒至干，干燥储存，或恢复常温后应用，也可采用高温消毒灭菌、灭虫后应用。上盆时宜仔细小心，勿使土壤沾在毛刺上，一旦污染，不易去除。上好盆后，盆面铺一层白色八厘石（白云石）或小卵石，防止浇水、浇肥时将水或肥溅于毛刺上。浇透水以后保持不干不浇。

由于盆土土面被小石层覆盖，不易查看盆土干湿，可采用看盆或敲盆方法查看土壤干湿。看盆法：即查看盆壁或底有无湿痕，湿痕的位置即盆土含水较多的位置，如果只有盆底或盆底孔四周尚湿，盆壁已无湿痕或盆底已无湿痕，证明已经干透，应及时补充浇水。敲盆方法为：半握拳用手指或小木棒轻轻叩打盆壁，声音清脆时，盆土已经干透，应及时补充浇水，声音发闷时，说明盆土中不缺水，如果有啪啦声，说明花盆有裂纹，应及时更换。另外，端起花盆后，重量较轻为亏水，较重为不缺水。当覆盖的小八厘石或小卵石有污渍时，应将其全部取出，并用清水洗净后再覆盖回去，用粗沙覆盖效果也好，更易更换。并应用透明无色玻璃罩将茎节罩上，防止灰尘落在毛刺上。冬季室温最好在10℃以上，保持盆土稍干。

25. 怎样栽培好芝麻掌？

答：芝麻掌常见有褐刺、黄刺、白刺3种，属弱阳性多刺多肉小型仙人掌类，以白刺者为上品，黄刺次之，褐刺又次之。栽培容器常选用8～12厘米口径花盆。盆土为普通园土、细沙土、腐叶土各1/3，另加腐熟厩肥6%～8%，应用腐熟禽类粪肥、腐熟饼肥、颗粒或粉末粪肥时为5%左右，土肥应翻拌均匀，经夏季充分暴晒至干，恢复常温后应用，或在干燥环境贮藏。也可经高温消毒灭虫、灭菌后应用。上盆时应注意芝麻掌类刺短小，接触人的皮肤后，极易脱落，且有倒刺，扎在皮肤上不易拔出，只能用镊子拔，所以在上盆前或在掘取生根苗时，用旧报纸裹好再掘苗及栽植。栽植好后，土面也需铺一层粗沙土、八厘石或小卵石，摆放于半阴防雨场地。其它养护参照棉花掌。

26. 怎样栽培叶仙人掌？

答：叶仙人掌为弱阳性藤本类仙人掌，除做蟹爪莲、仙人指、仙人球类的嫁接砧木外，可做各种造型支架盘扎造型，或通过修剪造成乔木状再嫁接成仙人球树，或嫁接成蟹爪莲或仙人指盆景造型。选择栽培容器可依据株型大小造型造景需求，选用瓦盆及紫砂盆、陶盆等，其大小及形状也依据需要而定。最常用的栽培土为普通园土、细沙土、腐叶土各1/3，另加腐熟厩肥10%～15%，应用腐熟禽类粪肥、腐熟饼肥、颗粒或粉末粪肥时为6%～8%，翻拌均匀，经充分暴晒至干，恢复常温后应用，或在干燥环境贮存。

上好盆后置温室或室外半阴场地。光照不足茎干变细，叶间变长，叶片变薄变小，叶色变暗，叶背红色消失。可逐渐增加光照移至直晒下，直晒下长势健壮，叶片厚、叶间短，叶背红色靓丽，但正面绿色带灰白色，不如半阴环境美观。摆放好后1～2天浇透水，保持盆土湿润。每15天左右追肥1次。自然气温或室温低于12℃，叶片变黄，干枯脱落，只有少量枝先端嫩叶留存，属正常生理活动，此时停止追肥，盆土保持偏干。

27. 家庭条件怎样栽培强阳性仙人掌？

答：平房小院、楼房阳台只要有直射光照，或充足明亮场地均能栽培。家中栽培扁平茎节仙人掌类，一般情况不求大，而求小而精，通常3～5个茎节，既轻便利落，又端正美观，易于搬动。但由于个人爱好，或场地有条件，也可栽培大型植株。选择容器口径的大小在14～20厘米，高筒花盆。盆土选用普通园土、细沙土、腐叶土各1/3，另加腐熟厩肥8%～10%，应用腐熟禽类粪肥、腐熟饼肥、颗粒或粉末粪肥时为6%左右，选用花卉市场的小包装肥时，按说明施用。这里应该说明，强阳性仙人掌类属沙生植物，喜通透性好的沙壤土，应用一般园土栽植即能生长，但排水性差，含养分不足，长势较慢，故选用栽培土。栽植后，放置于通风良好、光照直晒处，半天或1天后即可浇透水，保持盆土湿润或稍干。20天左右追肥1次。随时转盆。随时薅除杂草。肥后、雨后土壤板结时松土。夏季或秋季进行整形修剪，对发生在基部或偏斜、病残枝进行剪除。霜前移入室内，保持盆土偏干，室温不低于12℃即能安全越冬。仙人掌类多有毛刺，容易扎人，应摆放在日常生活不易接触的场地。

28. 弱阳性仙人掌在阳台怎样栽培？

答：弱阳性仙人掌除仙人镜外，多为小型仙人掌类，多选用小盆栽培，栽植好后，摆放于阳台内光照充足明亮、不受阳光直晒，不受雨淋的场地栽培。其它养护同强阳性仙人掌类。

29. 怎样用微型盆栽培小蒲扇及芝麻掌？

答：微型盆选择口径3～5厘米或小条盆为佳，盆过小不是不能栽培，而是比例不协调，给人不稳定的感觉。栽植用土应为普通园土。苗应选择1～2年生扦插苗，能有2～3个茎节的更好。栽植时一定要压实。应用条盆时，应在偏离中心部位，土壤高于盆沿。苗的根系过多时，可适当剪除一部分。栽好后，置半阴场地喷水或喷雾补充土壤水分。10～15天用医用注射器追肥1次。如发生倒伏，及时扶正。冬季应光照充足，室温不低于

12℃，即能良好生长。

30. 怎样用容器栽培姬珊瑚树？

答：姬珊瑚树需要直晒或充足明亮光照，夏季可在室内或室外栽培，在室外通风良好、直晒环境，相对比室内栽培长势更好。栽培容器可依据株型大小而定，通常选用10～18厘米口径高筒瓦盆。栽培土选用普通园土20%、细沙土50%、腐叶土或腐殖土30%，另加腐熟厩肥8%～10%，应用腐熟禽类粪肥、腐熟饼肥、颗粒或粉末粪肥时为6%左右，翻拌均匀，经夏季暴晒至干，恢复常温后应用，或在干燥环境贮存待用。上盆后置直晒或光照明亮场地，1～2天后浇透水，夏季保持盆土湿润。20天左右追液肥1次。雨季最好能够遮雨。秋季自然气温低于15℃前，移回温室光照较好场地，保持盆土偏干，室温不低于10℃。

31. 怎样栽培好鬼子角仙人掌？

答：鬼子角喜光照，能耐直晒，直晒下长势健壮。喜通风良好，喜温暖，耐高温，不耐寒。栽培容器依据株丛大小选用10～16厘米口径高筒花盆，花盆应用前应刷洗洁净。栽培土壤最好为普通园土20%、细沙土50%、腐叶土或腐殖土30%，另加腐熟厩肥8%～10%，应用腐熟禽类粪肥、腐熟饼肥、颗粒粪肥等为6%左右。上盆后置直晒光照下或光照充足场地，1～2天后浇透水，以后保持不干不浇水。20天左右追肥1次。雨后、肥后，土壤板结时松土，保持土壤通透。雨季及时排水，即能旺盛生长。冬季置温室有光照处，室温不低于12℃，即能良好越冬。

32. 怎样栽培好锁链掌？

答：锁链掌栽培应依据株冠大小或用途选择14～20厘米口径高筒盆。盆土选用普通园土40%、细沙土40%、腐叶土或腐殖土20%，另加腐熟厩肥10%～15%，应用腐熟禽类粪肥、腐熟饼肥、颗粒粪肥时为8%左右，于夏季翻拌均匀，经充分暴晒至干。上盆时先垫好底孔，填土至盆高的1/3

左右，刮平压实，再用牛皮纸或有光纸垫好植株以免扎手，将根系放在盆内土表，然后四周填土，随填土随压实随扶正，至留水口处，水口为盆口至土面2～2.5厘米。置直晒光照场地，1～2天后浇透水，以后保持土表不干不浇。浇水应在上午或下午，避开炎热中午。雨季及时排水。锁链掌易出斜生枝或横生枝，应及时支杆扶正，外向枝过于偏斜的应剪除，保持良好形态。随时薅除杂草。肥后、雨后土壤板结时松土。干旱季节注意通风，通风不良，易患病虫害。入秋自然气温低于10℃时，移入温室有光照场地，保持盆土偏干。

33. 家庭环境怎么样栽培姬珊瑚树、鬼子角及锁链掌等仙人掌类花卉?

答：姬珊瑚树、鬼子角及锁链掌等均需良好光照，平房小院可直接摆放于院中直射光照下栽培，楼房最好在南向阳台栽培，东向、西向阳台也能生长，冬季需在南向阳台越冬，北向阳台因光照过弱，长势不良。家庭条件栽培容器规格、形状、材质均不必苛求，但必须洁净。栽培土壤可按上述常规栽培用土配制，如应用普通园土，可另加腐熟厩肥10%～15%，应用腐熟禽类粪肥、腐熟饼肥、颗粒或粉末粪肥为6%～8%，应用花卉市场供应的小包装基肥时，按说明施入。于夏季置直晒的水泥地面上充分翻拌，充分晾晒至干，恢复常温后应用，或置干燥处贮存待用。也可用高温消毒灭菌、灭虫方法，对土壤进行处理。上盆时将盆孔用塑料纱网垫好后，填土至盆高的1/3～1/2处，刮平压实后，将植株摆放于盆内土表，四周填土压实，到留水口处。

应用高密度材质花盆如瓷盆、陶盆、硬塑料盆时，栽培土壤为普通园土、细沙土、腐叶土或腐殖土各1/3，或沙土类70%、腐叶土或腐殖土30%，另加腐熟厩肥10%～15%，应用腐熟禽类粪肥、腐熟饼肥、颗粒或粉末粪肥为6%左右，应用花卉市场供应的小包装肥时，按说明施用。栽植方法为将备好的栽培容器垫好底孔，填好一层陶粒（建材市场、大型花卉市场有售），填一层栽培土，耙平、压实，将苗根系放在盆内土表中心位置，四周填土压实、扶正，至留水口处。栽好后，放置阳台光照较好处，放置时宜平稳牢固，以免夏季因风雨而发生意外。

摆放好后，半天至一天后浇透水，这是因为，阳台在白天墙面受阳光照射，温度快速上升并积累，使阳台环境变得空气干燥，使盆土变干加速，植株栽植时的伤口提前收缩变干，故而可提前浇透水。以后每日早晨或傍晚浇水或喷水。仙人掌类属沙生植物，能耐干旱及炎热干燥环境，不必每天向植株及栽培场地喷水，但沾染尘垢时应及时喷洗。炎热夏季浇水稍多一些，自然气温降低时应少浇水。浇水的原则，应于炎热干旱大风天气多浇，阴雨潮湿低温天气少浇；瓦盆、小盆、浅盆多浇，高密度材质盆、大盆少浇；夏季多浇，冬季少浇；在室外栽培多浇，在室内少浇；通风、光照良好多浇，反之则少浇。

生长期间每20天左右追肥1次，可浇施也可埋施。应用无机肥应对水成浓度2%～3%浇灌，应用花卉市场的小包装追肥时，按说明施用。为防止因追光而茎节偏斜，应7～10天转盆1次。随时薅除杂草。肥后、雨后土壤板结时松土。锁链掌长势健壮，长势快，应支杆扶正或修剪。自然气温降至15℃以下时，将盆内清理洁净，喷水洗净积尘，并做适当整形后，移至室内有光照处，停止追肥，保持盆土偏干。冬季浇水应先将水放入广口容器中，待水温与室温相近时再浇。供暖前及停止供暖后两个低温时间段，不过干不浇水，即可安全度过。

仙人掌类多数有刺，在室内摆放时，应摆放在儿童接触不到的地方。翌春自然气温稳定于15℃以上时，移至阳台栽培。每2～3年脱盆换土，或更换大盆1次。

34. 花友家栽培的翡翠掌不甚由窗台上坠落，有的由茎节处折断，有的茎节折为几段，应怎样挽救？

答：先将茎节等集中在一起，由茎节的节处折断的在伤口处涂抹硫磺粉，放在通风良好的半阴场地。断为几节的，可用芽接刀将伤口切齐，如有挤伤、压伤等组织已经破坏的部分应削除，使伤口整齐，并涂抹硫磺粉，与茎节节处折断的放在一起，待伤口干燥后，用扦插土进行扦插。成活后再进行分栽或选取完整茎节再行扦插。原带根的一段清创后，也要涂抹硫磺粉后用栽培土栽植。栽好后置通风良好、半阴处1～2天后即可浇水。养护一段时间，即会产生新的茎节。新茎节成型后，切下后再进行扦插。

35. 昙花在夜间开花，用什么方法使其在白天开花？

答：可采用补光方法使其在含苞吐蕊时停止生长，撤光后在较暗的室内即能开花。具体方法是：将晚间即将要开花的植株，于天将要黑时，用白炽灯在上方开灯照射，花蕾即会停止或减慢生长发育，直至天明，再将植株移至黑暗处，即能慢慢地开放。

36. 花友家的翡翠掌出现3个全牙白的茎节，现在有3～4厘米长，能否切下扦插成为一盆全白色植株？

答：翡翠掌的牙白色部分属无害病态，这种病态部位叶绿素、花青素等消失，自身不能通过光合作用制造所需的养分，靠母体供应养分能生长一段时间，当需要营养元素过多时，最终还是要被淘汰，干枯死亡。扦插既不能生根，也不能成活，利用其它仙人掌、量天尺等嫁接，也不能成活。

37. 栽培的蓑衣掌第二个茎节开始，每个茎节均为基部、中部刺密而长，上部短而疏，是什么原因？

答：出现这种现象，主要是生长期间光照不足，通风不良环境下浇水过多，盆土长时间过湿造成，不但刺组上疏下密，毛刺上短下长，茎节也会越向上越窄，形成倒长卵状，并且变薄，先端易干枯，易染病虫害。应移至光照充足、明亮或上下午有直晒光照，通风良好处，控制浇水量，土表不干不浇。按时追肥，再生出的茎节，这种现象即会消失，长成正常茎节。

38. 小盆栽培的芝麻掌根系很少，爱倒伏，什么原因？

答：仙人掌类包括令箭荷花、昙花、蟹爪莲、仙人指在内，根系不健全的主要原因有：长时间盆土过湿，通风不良，光照过弱，盆土密度过高、通透性差等所引起。应更换新土，控制浇水，移至光照较好场地，即会生出健全的根系。

39. 怎样水培仙人掌？

答：夏季选茎节成熟、完整、端正、无病虫害的整节，用芽接刀或其它刀具切下，至通风良好半阴场地，1～2天后待伤口干燥后，将其基部埋入盛有建筑沙的容器中，建筑沙必须通过清洗后暴晒至干，恢复常温后应用，或经高温消毒、灭菌后应用。扦插容器也需刷洗洁净。埋好后置直晒处，1～2天后浇透水，保持盆土湿润至潮湿，10～15天即可掘出水培。另一种方法是将处理好的茎节放置在半阴处的湿编织物或草垫上，保持编织物或草垫潮湿，待生根后置于水培容器中。水容器中的水，开始时最好用洁净的清水，1周后浸于市场供应的无土栽培营养液中，至直晒处或室外光照充足明亮处。水质混浊时即行更换。冬季要求充足光照，室温不低于18℃，能耐短时15℃低温。

五、病虫害防治篇

1. 发现仙人掌炭疽病应怎样防治？

答：仙人掌炭疽病在茎节上产生圆形黄褐色小斑，而后逐步扩大，扩大呈圆形或近圆形，淡褐色、褐色至灰色，病斑中有轮纹状小黑点，在潮湿环境下，会出现朱红色黏状物。高温、高湿、通风不良环境，易发病。

防治方法：

浇水勿过勤过多，不使盆土长时间过湿。摆放在通风、光照良好场地。

发现病害，将染病部位切除，集中烧毁。切口处涂抹硫磺粉。

发病前或发病初期，喷洒1:1的波尔多液，或75%百菌清可湿性粉剂600～800倍液，或50%多菌灵可湿性粉剂1000倍液，或50%甲基托布津可湿性粉剂800～1000倍液，或退菌特可湿性粉剂500～600倍液，每7～10天1次，连续3～4次，有预防及抑制病情效果。

2. 仙人掌生有白粉病如何防治？

答：白粉病初发病时，在茎节上出现黄色小斑点，而后逐步扩大，连接成片，布满白色粉状物，造成植株停止生长，茎节萎蔫。空气干燥、通风不良易发病。阳台环境重于温室栽培。

防治方法：

(1) 加强通风，注意加强光照。按时适量浇水及喷水去污。

(2) 喷洒50%多菌灵可湿性粉剂1000倍液，每7～10天1次，或20%粉锈宁乳剂2000～4000倍液，每15～20天1次，或75%百菌清可湿性粉剂500～800倍液，或70%托布津可湿性粉剂500～800倍液，每7～10天1次，连续3～4次，均有预防及抑制病情发展的效果。

3. 仙人掌疮痂病怎样防治？

答：疮痂病多发生在植株基部或中部，发病初期为黄色小病斑，而后逐步扩大连片，成枯干的黄色，有时出现纵裂纹，如不及时防治，病斑上延，直至全株枯死。有红蜘蛛危害时并发严重。

防治方法：

(1) 及时防治各种虫害。

(2) 按时追肥浇水，加强养护管理，增强植物抗病能力。

(3) 发病初期，喷洒75%百菌清可湿性粉剂600～1000倍液，或70%甲基托布津可湿性粉剂500～800倍液，每7～10天1次，连续3～4次，有预防及抑制病情的效果。

4. 有红蜘蛛危害如何防治？

答：红蜘蛛群集于茎节上，刺吸汁液，造成黄色、干枯的密集斑点，严重时全株变成枯干致死。家庭环境发病率高于温室栽培。

防治方法：

(1) 虫数量不多时，可用清水喷洗至不见虫体为止。

(2) 喷洒20%三氯杀螨醇乳油1000～1500倍液，或15%哒螨酮乳油3000倍液，或50%尼索朗乳剂1500倍液，或40%氧化乐果乳液1500～1800倍液杀除。

5. 有蚜虫危害如何杀除？

答：蚜虫群集于嫩茎、花蕾等处刺吸汁液，造成植株停止生长，嫩茎畸形，严重时受害茎节枯死。

防治方法：

(1) 数量不多可人工用毛刷刷下杀除。

(2) 摆放在树下、大花后边时应综合防治。

(3) 喷洒40%氧化乐果乳油1500倍液，或20%杀灭菊酯乳油5000～6000倍液杀除。

6. 令箭荷花发现根结线虫病如何防治？

答：根结线虫病发生在根的先端，结有小瘤状体，呈纺锤状凸起，而后根不断分叉，不断在根端长出大小不一、形态不规则的大量根结，内有线虫的卵、幼虫或成虫，具有异味。地上部分生长缓慢、植株矮小、茎节颜色暗淡，干瘪，遇潮湿易于基部产生腐烂。

防治方法：

(1) 土壤应严格消毒灭菌。

(2) 不在病株上切取繁殖材料。

(3) 埋施10%铁灭克颗粒剂，每盆20～40粒，或撒施3%呋喃丹微粒剂有杀除效果。

7. 生有仙人掌盾蚧怎样杀除？

答：仙人掌盾蚧又称白盾蚧或白蚧，多分布于茎节基部及刺丛处，虫口密度高时，介壳重叠成堆。初孵时到处爬行，是杀除的最好机会。造成生长势渐弱，斑点累累，严重时布满全茎节，全株枯黄脱节，枯死。

防治方法；

(1) 虫口不多时，可用毛刷刷除，或用竹片刮除，刷或刮宜轻，切勿误伤仙人掌表皮。

(2) 撒施10%铁灭克颗粒剂，每盆20～30粒左右，10天后再撒1次可杀除。

(3) 喷洒40%氧化乐果乳油加50%杀螟松乳油等量，对水成1000倍液，每10～15天1次，连续3～4次可杀除。

8. 发现茎节上有圆蚧危害，如何杀除？

答：在令箭荷花、昙花、蟹爪莲或仙人掌类上危害的圆蚧，又称常春藤圆蚧、夹竹桃圆蚧、苏铁圆蚧或蓝圆盾介壳虫。壳体黄色。2～3年生茎节受害较重，被害植株生长缓慢或停止生长。

防治方法：与盾蚧防治方法相同。

9. 有吹绵蚧危害如何防治？

答：吹绵蚧通常在茎节处或刺丛处堆积，呈棉絮状物，内有橙红色虫体，以刺吸植株汁液危害，一般虫口不会太多，但影响观赏质量。

防治方法：

(1) 用毛刷刷下后杀除，再用清水喷水洗净。

(2) 喷洒40%氧化乐果乳油1000～1500倍液，或20%杀灭菊酯乳油5000～6000倍液，或50%西维因可湿性粉剂800倍液杀除。

10. 发生白绢病如何防治？

答：初发病时，茎节基部近土壤处变为褐色腐烂，长出辐射状白色丝状体，在土壤中蔓延，而后菌丝纠结成团，形成菌核，菌核初为白色，尔后变黄，最终成褐色或茶褐色，使植株长势减弱，继而停止生长，腐烂干枯而死亡。

防治方法：

(1) 土壤严格消毒灭菌。

(2) 发现病株及时拔除烧毁，盆土远弃或消毒灭菌。

(3) 病株较轻的，可撒施少量75%百菌清可湿性粉剂，7～10天1次，连续3～4次，有抑制病情的效果。

11. 有细菌性根瘤如何防治？

答：细菌性根瘤主要出现在茎节基部，接近土壤部位或侧根或支根上，或低位嫁接口上，严重时也会上移至分枝上。瘤体初为白色，而后变褐色、变硬，表面粗糙，1株寄主植物，根肿瘤1～2个甚至多达十几个，肿瘤大小不一，小的如豆，大的如拳。地上部分逐渐衰弱，变黄枯死。

防治方法：

(1) 发现病株及时拔除烧毁。可疑病株隔离栽培。

(2) 栽植前，先用农用链霉素500～1000倍液蘸根10分钟，或用1%硫酸铜液浸泡5分钟后取出栽植。

(3) 切除病瘤，伤口用1∶10～1∶15波尔多液涂抹。

(4) 栽培土壤严格消毒灭菌。

(5) 用甲醇∶冰醋酸∶碘片50∶25∶12混合液涂抹肿瘤表面，2周后肿瘤消失，植株能恢复正常生长。

12. 温室中有潮虫子在地面、花盆上爬来爬去，怎样杀除？

答：潮虫子是鼠妇的别称，又有鼠婆、瓜子虫、西瓜虫、蒲鞋底虫等多种名称。鼠妇多隐藏于盆底孔四周，啃食新根、芽眼、芽尖，造成局部溃伤。

防治方法：

(1) 移动花盆检查，人工捕杀。

(2) 喷洒20%杀灭菊酯乳油2000倍液，或50%辛硫磷乳油1500倍液，或50%西维因可湿性粉剂或3%呋喃丹微粒剂撒粉于地面，不要使药剂接触植株。喷或撒要仔细严密，不留死角。

13. 花盆底下常有马陆爬来爬去，怎样杀除？

答：马陆属多足动物，又称马蚿、香油虫等名。其形态丑陋，异味难闻，使人产生恶感。在潮湿、腐殖质丰富的地方生活，多集中在花盆底孔处，有假死性，一旦受惊，即卷曲成环。危害嫩根嫩芽。

防治方法：

(1) 应用盆土应消毒灭菌。

(2) 栽培场地保持清洁无杂物，不堆放栽培土。

(3) 数量不多，可人工捕杀。

(4) 选用50%西维因可湿性粉剂500～800倍液，喷洒于栽培场地及四周。

14. 温室中常有蜗牛及蛞蝓爬动，给仙人掌、令箭荷花、昙花等茎节上留下一条银白色黏液状物，偶尔新芽被损坏，应怎样防治？

答：蜗牛、蛞蝓均为软体动物，在茎节上以舔磨方式危害，使嫩的茎节表皮残缺，留下疤痕，还分泌黏液，玷污表面影响观瞻。

防治方法：

(1) 勤清理栽培场地四周的杂物，保持四周场地清洁卫生，使其无处产卵或产卵后因光照强、土壤干而爆裂。

(2) 移动花盆，人工捕杀。

(3) 场地撒生石灰粉，使其不能行动。

(4) 在场地泼浇1∶15茶渍饼水，或撒施经浸泡的茶渍饼渣杀除。

(5) 于傍晚喷洒20%流丹乳剂300倍液，或直接撒8%灭蜗灵微颗粒剂，均有杀除效果。

六、应用篇

1. 仙人掌类能作专类花展吗？

答：仙人掌类种和品种繁多，其茎节多富变化，形态各异。可组织大型专类花展，观赏其美丽的花朵及千奇百怪的茎节或茎球。也可在展览温室内地栽布置，常年展出。仙人掌类花期不一，花朵大小也差之千里，小的不足1厘米，大的可达十几厘米，红色的靓丽，红若红梅；黄色的黄似闪亮的锦缎；玫红的深似玫瑰；白色的似雪如霜，晶莹剔透；间色的犹如琥珀镶珊瑚，五彩缤纷，非常可爱。

2. 仙人掌类常用于什么地方布置？

答：可陈设于门前、庭院或阳台，精巧种类可点缀室内桌案、窗台，在闲暇时细细品赏。

仙人掌类有千奇百怪的茎节、茎球和五颜六色的刺组，是观赏的主要部位，花只是一部分，通常花期较短但非常漂亮。傍晚开花的种类如昙花，素有“昙花一现”之说，最好是在晚间21:00至午夜，可布置夜花园供观赏，或夜宴供观赏。

3. 蟹爪莲、仙人指怎样应用？

答：蟹爪莲、仙人指花期多在冬季，且花期较长，除参加冬季及早春花展外，也可布置大堂、会议室、办公室、餐厅及家庭居室、阳台等处。花朵色艳、靓丽，株冠整齐，为良好的室内陈设装饰花卉。

4. 令箭荷花怎样应用？

答：令箭荷花由于花色艳美，深受爱好者喜爱，于庭院或阳台摆放，栽培与观赏共为一体。

5. 仙人掌类有没有药用价值？

答：仙人掌茎节入药，外敷，治疗疮肿。

6. 仙人掌除观赏、药用外，还有什么用途？

答：可做蔬菜、蜜饯、罐头等。量天尺的果实火龙果，为著名的热带水果。

令箭荷花

昙花

养花专家解惑答疑

1

紫红花蟹爪莲

叶仙人掌

黄刺芝麻掌

锁链掌　蒲扇掌

翡翠掌　霸王刺仙人掌

养花专家解惑答疑

龟圆仙人掌

美人扇

双层嫁接紫红蟹爪莲

黄蟹爪莲

食用仙人掌

紫红蟹爪莲

蟹爪莲

棉毛掌

黄蟹爪莲

亮红仙人指

量天尺

仙人镜

三棱箭嫁接仙人球